凝煉知識品味閱讀

生物學研究

研究什麼？ 如何研究？ 理解了什麼？

蔡孟利 著

五南圖書出版公司 印行

生物學與哲學的交響曲

陳瑞麟
中正大學哲學系，講座教授

就在準備出國參與「國際生物學歷史、哲學與社會研究學會」（International Society for History, Philosophy, and Social Studies of Biology）2023 年雙年會議前夕，我收到蔡孟利教授的來信，請求我為他的大作寫一篇推薦序文。於是我在參與會議空檔也閱讀這本大作，互相印證，感受到知性的雙語雙重愉悅。

在前述會議中，來自世界各地的生物學哲學家發表各種主題的論文，討論的內容從宏觀的生命（life）、生物體（organisms）、生態圈（ecosphere）到微觀的基因和蛋白質，以及功能、機制、因果等重要的概念，還有理論、實驗、模式生物、研究工具與方法；這些代表了當代重要的生物學哲學的研究議題，它們大多出現在蔡教授這本大作中。毫不恭維地說，蔡教授以具有哲學興趣的資深生物學家的身分和資歷，一人獨譜當代哲學家集體共譜的交響樂曲的主旋律，這份功力令人深感佩服。雖然哲學家個人譜寫的篇章，有許多細膩繁複的音符小調，而蔡教授的大作著重於貫穿全曲的主調。

在這篇推薦序文當中，我打算以生物哲學家慣用的音符小調，來與蔡教授科學家經驗譜寫的哲學主調，互相對照印證，看看是否能共譜一章哲學家與科學家的協奏曲？

書名《生物學研究》開宗明義地宣告了本書主旨。副標題「研究什麼？如何研究？理解了什麼？」則展開主標題的三大核心內容。依據第零章所言，「研究什麼」指「什麼東西是主角」和「這些演出者如何活動」，這是個戲劇比喻。「理解了什麼」指在研究什麼之後的成果，「對了解生命現象有什麼幫助」（或者沿用戲劇比喻說「對整部戲劇的理解有什麼幫助」）。「如何研究」則是生物學研究的推理方法，銜接「研究什麼」和「理解了什麼」。讓我以哲學慣用的術語來解釋：前者是「被生物學家研究的對象，包括生命個體和它的組織、結構、功能、活動與機制等」，中間是科學、生物學推理方法，最後是「透過生物學方法研究生命的對象來揭示生命的整體歷程」。

就本書的結構而言，從「研究什麼」、「如何研究」到「理解了什麼」貫穿全書五章內容：第一章探討生命個體和它們的組織、結構與功能」，第二章涉及生物學研究的方法和工具，並追問這樣的方法和工具能掌握眞相（或眞實，「reality」）嗎？第三章發展生物學推理模式，亦即在被研究對象的特性和研究方法與工具的特性與限制之下，生物學家該怎麼做推理？第四章處理生物學的預測能力，以及因果關係在生命活動中的特性。這四章都是使用分析或化約（把整體拆解成局部，針對局部作詳細分析，再重新組合成針對整體的知識）方法來研究生命現象，但終究要迎來生物學的終極大哉問：完整的生命歷程是可解析的嗎？這是第五章的主題。

本書核心五章的內容具體而微地體現在第零章的實際案例，視網膜的構造和功能。當生物學家詳細地揭開視網膜如何產生視覺時，卻發現它似乎違反視覺感應的最佳設計，這形成一個謎：爲什麼在生物演化過程中會演化出這樣的生物組織？要回答這個謎，只能更深入研究感光現象的分子層次，才能得到解答。透過這個謎題實例的示範，生物學研究的局部對象（研究什麼）、研究方法和整體成果（理解了什麼）被具體地展現出來。

科學教科書通常把定義用為引導學生認識一個科目的起點，例如大學《生物學》或《生命科學導論》往往從定義「生物」或「生命」開始。在第一章，蔡教授也討論一般用來定義「生命」的四項功能：「生長」、「代謝」、「繁殖」、「感應」。不過，他進一步深入檢討這定義是否充分？他指出使用這四項功能來定義「生命」會有下列困擾：無法涵蓋全部探討的對象、用來定義的概念不夠精確、它們也需要再定義（如此導致無窮定義）、概念指稱的功能需要能被量測。事實上，這幾個不只是定義「生命」會產生的麻煩，也幾乎是所有定義都會有的問題。

討論「定義」的完善、妥當與否是哲學的一個傳統。比起用功能來定義「生命」，當代生物學哲學家更喜歡討論「生命個體」（biological individuals）或「生物體」（organisms）本身的定義，因為他們認為生命的功能必定是由某些實體來表現，而能完整表現出生命歷程的實體就是生命個體或生物體。哲學家一方面爭論「生理代謝」、「基因繁殖」、「自主感應」、「生長發育」甚至「免疫能力」等功能哪一個具有定義「生物體」最完整的潛能，另方面也關注「個體性」這個概念該如何定義、生命個體該如何指認。[1] 既然涉及實體，就不能不考慮生命實體如何表現出「生

1. 我有一篇科普文章，陳瑞麟（2020），〈為什麼「生命個體」的概念如此難以定義？——生物個體的科學與哲學〉，《科學月刊》611 期（https://www.scimonth.com.tw/archives/4751）。更多哲學細節可參看我的另一篇學術論文，陳瑞麟（2021），〈如何指認一個生命個體：以實作個體化為基礎的客觀多元主義〉，《歐美研究》第 51 卷第 4 期，頁 721-768。

理代謝」、「繁殖」、「感應」等功能。蔡教授雖然沒有討論生命個體，但是他在第一章後半部開始討論「結構」與「功能」。換言之，生命個體特別的組織結構產生了特別的功能，而這是生物學想研究的重要對象。

如何理解生物體表現的功能？蔡教授告訴讀者應該從生物體內執行各種功能的系統拆解起。系統由器官（organs）組成，器官又由組織（tissues）組成，甚至可以進一步化約到胞器或分子、離子的層次。透過化約工作，在研究的實務上，應該把生物體視爲一個「模組化」的物件，針對各個功能性的「模塊」進行可量測的分析。這種研究方法，更具體地表達在第三章「生物學推理——以箭頭代表機制的流程化思考」，抽象地表達成 A → B；也就是說，生物學研究應該一次研究一個模組物件如何從一個狀態 A 變成（由箭頭表示）另一個狀態 B 的過程。特別在實驗室中，常常要透過干預和操控來產生狀態 A，再看看是否會變成狀態 B。[2]

關於這一點，當代生物學哲學家把焦點放在「機制」（mechanism）這個概念上。機制是一個生物系統或物件內部表現特定功能的「原因」，或者說，我們可以透過描述一個機制來回答「爲什麼一生物系統或物件能表現某特定功能」這個問題。[3] 機制通常是從整體來看，一個機制至少必定是一個系統的機制。

2. 蔡教授這個觀念影響了國內的生物學哲學家葉筱凡，她的論文把這個模組化思考的觀念作了十分細緻的哲學分析，參看葉筱凡（2022），〈模組組裝與模型整合〉，《科技、醫療與社會》第 34 期，頁 55-102。

3. 相關的中文介紹文獻，參看葉筱凡（2020），〈生物學中的機制〉，《華文哲學百科》，王一奇編。網址：https://mephilosophy.ccu.edu.tw/entry.php?entry_name= 生物學中的機制然而，生物學家要找出一個完整的機制，仍然必須先找出組成該機制的每一個「機制模組」——也就是蔡教授說的「模塊」。

「結構」與「功能」向來是生物學哲學家關注的焦點。一個機制也是發生在生物系統、器官、組織的某種結構之間，揭示一生物系統的機制也必須先揭示它的組織結構。很明顯地，當代生物學哲學家和生物學家不僅有共同的關注焦點，也有共同的語言和思考方式。不過，哲學家還很關心「功能」與「目的」或「目的論」（teleology）的關係。據說生物學是拋棄了古老目的論（反映在「生機力」這樣的概念上），採用機械主義（mechanism，和「機制」同一個英文！）才得以長足進展。然而，哲學家總是懷疑「功能」這個概念的使用蘊涵了「目的」的概念。爲什麼？試想，當我們說引擎的功能是推動汽車時，說「推動汽車是引擎的目的」不是也通？而且正因爲引擎的設計製造者有一個使用它去推動汽車的目的。那麼，生物系統之所以「被設計」（回想第零章使用的「最佳設計」此一概念），是否也因爲某種目的？這樣的說法暗示了「創造論」嗎？也不見得，即使我們採納演化論適應說，那麼我們能不能說生物系統的功能是爲了「適應環境」（的目的）而演化出來？生物哲學家仍然花費很多心力在爭論這個課題。

至少有一個消除目的論意涵的方法是採納因果概念——生物功能其實不過是一種因果關係。本書的第四章討論生物因果關係的課題，蔡教授認爲「箭頭兩端沒有絕對因果」，因爲「完整動物是具有複雜回饋調控機制的系統，而離體的細胞、組織則不受這些回饋系統的作用」；也就是說，採用化約的方法拆解研究的對象和它的狀態變化，不見得就是該對象在活生生的生物體內的狀態變化。在化約方法之下，一個看來呈現「單向因果」的模組（由因到果的方向由箭頭指示），被放回生命體內時，其單向因果關係就不見得能成立。第二章也討論類似的問題：生物學研究的工具，本質上可能無法掌握完整「眞相」。

這樣看來，生物學研究能「完整地理解整個生命歷程嗎？」這個終極大哉問同時在扣問當前生物學化約研究方法的價值有多大。誠如本書的前四章不斷地顯示，化約研究方法不僅是生物學研究的主流，也帶來豐碩的成果、龐大的生物學知識和操控生命物質的驚人能力。但是，卻不見得能理解完整的生命歷程？蔡教授提出因應此一不滿狀況的建議，結論說：「彈性的選取……算是當代生物學予人雖不滿意，但還能接受的展現方式。」

對於生物學研究的終極大哉問，當代生物學哲學家還把眼光投注到超出生命個體的領域，例如生物體與微生物群落共生的「合生體（holobionts）」、各種生物體共生互動形成的生態系（ecosystems）、甚至整個地球一切生命構成的生態圈（ecosphere），這些超出生命個體的巨大生命現象和歷程，該如何探問？我想這是當代生物學家和哲學家的共同使命。

生命科學的哲學家

顧正崙
長庚大學臨床醫學研究所，特聘教授
長庚大學分子與臨床免疫中心，主任

從近代科學萌芽開始，科學家以一種追尋「我們是誰，要往哪裡去」的哲學心態，狂熱的探索這個世界，從達文西到楊格這些科學先驅，他們以博物學家的身份，對所有事物都充滿好奇並廣泛研究。隨著科學的進展，科學研究者的身分也從博物學家，開散成化學家，數學家，生物學家等地劃分領域；近一百年間又更進一步，像生物學門還再細分爲各種分支，如生化、生理、免疫等。經過數百年的發展，科學社群已形成了明顯的區隔，例如我是個免疫學家，但只專精於感染免疫學，更仔細地說，真的懂得就是一兩種感染疾病以及相對應的免疫機制，也常與其它領域的免疫學同好互相開玩笑對方不懂免疫學；現代科學家某種程度已經變成一種高度專業的技術人員，「博士」冠在現代科學家身上，已經與字義相去甚遠。

生命科學的研究者，因對生命的多樣性與生老病死的奧祕充滿好奇而投入研究，然而數十年過去了，我們常發現自己深陷在一兩個訊號傳遞路徑的研究中，遠離了「了解生命」的初衷。生物醫學，眞的是理論複雜而知識瑣碎的一個學門，答案往往都不直觀，找到少少的原則也永遠有例外，每每都羨慕那些數學與物理的同行，在他們的學門裡，一條方程式可以描述一個宇宙中的眞理。

研究上遇到困難時，有時候我會想，這些現象看起來沒有道理，但是以演化的角度來看，存在必定有其合理之處，那這個生理現象爲什麼需要存在？也就得退到最初的起點，重新思考生命體的存在；從最初的起點出發，揣摩生物體在這世界中與周遭環境如何互動。這並不容易，對一個每天在實驗室奮戰的生物學研究者來說，需要寬闊的視野和豐富的知識儲備量，但這能夠幫助我們避免陷溺於科學研究的細節中，並了悟這些突破對我們理解生命科學和人類醫學的重要性。

在這本書中，作者一開始就以視覺爲例，示範了如何利用演化，從分子到個體的角度來看待一個看似直觀的生理問題。這能展現出一個廣泛而深刻的視角，讓我們得以窺見生命的奧祕和原理；這樣的視野可以確保我們在進行生物或醫學的科學研究時，能夠隨時保有整體價値的思考邏輯，避免只見一樹而失視整片森林。而且，我們能夠在每一個研究計畫中提出最核心的問題，給出最精妙實用的答案，從而做出眞正的突破。

然而要能寫出這樣的一本書很不容易，除了有足夠的科學涵養與強大的邏輯哲學思考之外，更重要的，作者得在忙碌的學術研究工作中，還懷有把學術成果和邏輯轉化爲文字的熱忱。現代學者通常不願意寫科普書籍，原因很簡單，他們認爲與其花時間寫書，不如多寫一兩個研究計畫，多發表一兩篇論文，提早升等。當他們升等後，雄心壯志也消逝了。

認識孟利學長已經是上世紀的事情了，當我還在大學時，常常看到他在系學會留言本上留下關於科學，邏輯和生活的深思熟慮。這些記憶不僅是我，也是 90 年代台大動物系學生們共同的記憶吧。印象最深的，就是他從站在壘球比賽的外野手開始，講述實驗室的生活以及他對生命科學的思考，說實話那時候不懂，身爲同樣壘球的愛好者，我想到的是你這不就是在比賽中發呆嗎！小心被球打到。一轉眼在臉書上再次與學長連絡上，他已經是教授，主任，科普作家，還是《科學月刊》的總編輯。在台灣大學學術不端事件中，學長身先士卒，以《科學月刊》總編輯的身分，對抗台灣學術界的陳腐與息事寧人的陋習。驚滔駭浪中，學長挺身而出爲學術倫理奮戰，不顧許多學者在當下都選擇當鴕鳥以看唐吉軻德的態度看著他，這就是他的情懷，一種覺得爲所應爲的浪漫。

更令人佩服的，面對眾多打擊他硬扛了下來，成功的讓台灣學術界正視學術造假與不端的問題。從科普雜誌的總編輯、學術不端事件的評論者，到現在這本科學哲學的著作，雖然看似不相關，但是我從中看到的都是一個現代科學騎士的浪漫，爲所應爲的勇氣。因爲工作，認識很多優秀的同行，文無第一，以專業學問與學識廣博而論，高手很多，但是要提到豐厚的哲學思維、人文素養、社會服務、與爲所應爲的浪漫與勇氣，那就只能一生俯首拜孟利。

這本書你可以把它當成科普書籍來看，裡面有很多有趣的思考；可以當成教科書來看，裡面有嚴謹的討論與扎實的資料；也可以當作哲學書籍來看，看看作者想大一統生物理論，爲讀者理出一條核心脈絡。這本書的視野很宏大，不是太輕鬆可以讀得懂，但是如果你眞的想成爲一個大學問家，在有限的人生中盡量理解生命科學的奧祕，當一個頂尖的科學研究者提出大哉問的問題與解答，這本書你都應該看。

不只是生物學家答喙鼓，代序

楊倍昌
成功大學醫學院微生物暨免疫學研究所，名譽教授
社會新力文化，創辦人

《生物學研究：研究什麼？如何研究？理解了什麼？》這本書很適合作為生物邏輯學的進階讀本。不只適合在學習階段的生醫領域碩士班、博士班學生閱讀，也很適合有興趣了解生物學的開展與局限的讀者閱讀。目前台灣相關的書寫中，很少有人可以像孟利教授這麼犀利的剖析生物學研究過程所面臨的困難以及辯證的細節。對我來說，讀這本書的過程跟閱讀推理懸疑小說一樣，讀了好幾遍，來回比對，查閱相關資料，很費腦筋，很有挑戰性，時時帶著思辨的樂趣。

相對於我所知台灣出版科學哲學類的著作，這本書的書寫手法也很特別。其一、原創性足！跟一般台灣哲學界常見的學術文章慣常引用巨量的國外哲學理論框架不同，這本書看不見既有的哲學相關文獻。勉強來說，只有一句話說受到孔恩《科學革命的結構》的啓發（本書內文註解 78），帶著微微的知識社會建構論風味而已。其二、濃厚的生物學論證模式！生物學是需要大量觀察才會有小結論的手工業，曾經被看低成只是一種「postage stamp collection」。雖然這種評價不允當，至少也反映出它變化多端、強調實例、講究零碎細節的本質。本書所討論的觀點皆是

以專業的生物學知識及眞實研究經驗爲基礎，並沒有思想實驗、日常類比經驗、假設幻想實驗之類的空無討論。孟利教授以特定儀器、特定方法學、特定研究條件來論證特定知識內容的成就與疏漏，就是一種扎扎實實的生物學的研究模式，因此它閱讀的門檻也比較高。

本書的主軸似乎稍微悲觀了一些，替生物學「漏了很多氣」，很準確地說出生物學在建立知識的歷程中不充分的論證方法。孟利教授說：

> 生物學家一直努力把物理、化學的方法和工具帶進生物學的研究裡來，並且積極嘗試建立如物理學般的邏輯推理形式，可是長久以來的努力，製造出的大量數據多只能供統計檢定使用，無法眞正達到量化因果關係的要求。因爲我們在大批變化的數據中，無法找到眞正的代表值，所有形式的平均值只不過是一種非實際的抽象概念而已。（第四章最後一段）

我大概算了一下，書中出現負面評價的語詞的頻率不算少，有91次「無法」、69次「雖然」、205次「但」、47次「只是」、57次「難」。

在邏輯思維的時序上，要先知道了名詞A所代表的眞實意涵，它所指涉的範圍之後，才能分辨出甚麼東西不是A。換言之，「不是、否定、非」的判斷，必然要出現在「是、肯定」之後，屬於比較進階的知識。了解是與非，才是完整的知識；指出「侷限、缺失」，是知識建立的過程中剔除雜質的重要利器。這本書正好可以補救長久以來台灣在教學的過程中只注重科學「光明面」，疏於反省盲點的缺失。

抱持著這種懷疑的態度看待生物學，只是想承認人的理智中「沒有事實，只有詮釋」嗎？會因此而無法批判真假科學嗎？我相信這不是本書的目的。2016年底，震驚台灣生醫學界的多篇研究論文造假事件被舉發，其牽涉範圍之廣、持續時間之長均是台灣學術史上前所未聞之事；涉案的郭姓、楊姓大學教授皆是當時身居學術行政高位的資深人員。在挺身嚴厲指責的學者中，孟利教授稱得上是最認真、最理智、最犀利的批判者之一。如果孟利教授只是想悲觀地述說知識並沒有真理、科學只是謀利的遊戲，那麼造假弄權的醜事哪裡值得人花力氣爭論的呢？我相信這是他在反思人的理智是如此脆弱、容易被絆倒，深刻理解科學發展過程的艱難之下，才會由衷的痛恨這種科學論文造假的惡行。

我很榮幸閱讀過這本書的初稿。在本書定稿出版之際，孟利教授邀請我寫序。面對這麼特別的一本嚴肅思辨的著作，我想用之前與孟利教授的對話來代替序言，用來呈現生物學同行之間的提問與回應：

我：【第四章】說因爲研究方法上的缺陷，生物知識敘事的箭頭兩端沒有絕對的因果的兩類理由：一、不同箭頭間的實驗條件不相匹配的問題；二、無法同時重現每個箭頭的變因控制方式。我知道這是實情，比較好奇的是您有解決的方案嗎？

孟利：以前曾經有學生問我，是否能在體外用幹細胞培養出一個獨立的腦子或是一顆心臟？記得當時我是這麼回答的：「有些東西是屬於上帝的領域，人類只能猜測及欣賞，但辦不到。」就如同您覺得我這本書的主軸似乎稍微悲觀了一些，的確是，不過我覺得我的悲觀是「積極屬性的悲觀」，不消沉，而是正視生物學的不足；因爲知道生物學的不足，所以只欣賞自然的美，不會想掌握自然。所以關於生物學的研究無法釐清多箭頭的因果關係之缺陷，我並沒有解決的方案，某種程度，我覺得這樣的缺陷正是從事生物學研究工作有趣的地方：總是充滿各種無法完全解決的問題，來挑戰研究者的直覺與洞察力。

我：【第五章】舉例 Human Genome Project & BRAIN 計畫。這兩個計畫的標的不太一樣。HGP 解決固定的結構成分，BRAIN 計畫如您所說：「神經元之個數是浮動的、神經元跟神經元之間的連結關係是浮動的、神經元跟其它器官組織的連結關係也是浮動的」。順著文章讀下來，似乎想引進 model，作爲研究策略，來產生可以確認的知識，但是卻又說：『老鼠純粹的「心智活動」之研究，就變成了一個面對「虛空」的研究。』是否我讀錯了。本質浮動的問題會有解決的方案嗎？

孟利：關於面對「虛空」，我的解釋是在該文接續的段落：「實務上，『模型』的存在價值還是得靠其對於現實的預測之準確程度來判定，而一談到『準確程度』，免不了就又回到需要找個與結構相關的改變量來與之對應。即便以老鼠跑迷宮所需要花費的時間作爲模型，內涵上，也是一種與結構（老鼠這個個體）相關的改變量（運動路徑與運動速度的比值）。是以目前所能做的認知研究，有相當大的部分（特別是人以外的動物）都只是與維持生命的基本需求相關之『認知』，因爲這種層次的『認知』比較容易有可量測的表現與之對應。總括來說，『認知』的研究之困難點就在於神經系統存在的目的是爲了調節別的系統，也因此它的功能是彰顯在別的系統的活動上；換句話說，我們是根據別的系統的活動樣態來『分類』神經系統的活動。是以，如果沒有個可以實際觀察到的指標以資對應，那麼，即便記錄了腦袋中全部神經元的放電頻率，依然不知道要解析的迴路是什麼。」

這裡想談的，其實是model的困境，例如對於像是「愛情」這種很重要的認知事項，如果要研究它的神經基礎或相關的內分泌調控，要怎麼進行？首要之務，應該還是要能釐清楚什麼是「愛情」，或至少什麼是「愛情的表現」；而不管是「愛情」或是「愛情的表現」，在人類都是可以聊到天長地久而無法定論的問題，更遑論去了解老鼠的愛情。這就是我在上述段落所寫的「如果沒有個可以實際觀察到的指標以資對應」，那麼我們的研究標的就跟虛空沒兩樣。所以就我個人的觀點，問題的癥結不在所要研究的對象本質是否浮動，而是能否有個可以「實際觀察到的指標以資對應」；若有，即便浮動，那也是可以解析的浮動的本質。所以還是回到前面所說的，像是「愛情」這類無適切結構指標的事情，也算是「上帝的領域」，人類只能猜測及欣賞，但研究它的生物學基礎，量力而爲就好了。

「研究」前，請先想想……

閔明源
台灣大學生命科學系，教授

孟利與我認識至今（2023 年 8 月）已逾 35 年，這可不是隨便的公關式算法，而是上溯到大學時期就開始的互動。我們不僅都在台大動物系這個小而美的學系受生物學的薰陶，直到現在，於神經生物學仍有研究工作上的實際合作。在此先釐清一下，說動物系「小」是因爲在我入學時期的 1984 年，系上每一年級只有約 30 位左右的學生，儘管孟利小我幾屆，因爲人數少，大家還是很容易彼此熟識，更何況我們還曾是同一棟男生宿舍的鄰居舍友。而說動物系「美」，是因爲當年這個學系擁有 30 位以上各領域的師資，提供學生在動物學各領域的課程，並且系館位在椰林道的最前端，那棟有著深度典雅的一號館。

以上鋪陳只是要向大家說明，因爲我對本書作者蔡孟利教授的認識夠深，所以接下來的介紹應該夠眞實且具說服力。孟利是當今台灣優秀的系統神經生物學者，而且不是屬於宅在自己研究象牙塔中的那類型；他是熱忱的科普推手，曾任以「引介新知、啓發民智」爲己任、台灣本土的科普雜誌《科學月刊》總編輯；他更是敢言的學者，經常對學術界相關的公共議題提出批判。難得的是，孟利擁有絕佳的文采，這也讓他在這些工作上得心應手，能以犀利並帶有感情的筆鋒，引發大眾對這些冷門議題的關注。因此當孟利告知我又要出版新書時，我一點也不訝異；當他請我為這本新書寫序時，我自然與有榮焉，也樂於不藏拙地答應。

然而，就只在讀完書稿的第一章時，動作電位即已澎湃地在我腦中的神經網路迴盪不去，所激起的不僅僅是自嘆不如的讚賞，更帶有一抹的慚愧。視網膜是過去我在組織學、生理學、神經生物學課程中一再接觸過的，也頗自豪對其中的構造與運作機制知之甚詳，但在讀完書稿後，不得不對自己下了一個「一再地在這些課程中不求甚解的填充視網膜知識」的註解，這是慚愧的部分。至於讚賞的部分，是孟利寫出了闡述科學精神的最佳範例，從無問題處帶出「憲法」層級的問題，然後生趣盎然的提供答案線索；過程中又能以帶有演化、適應等生命科學的核心觀點，來介紹視網膜的構造與功能。這樣的鋪陳方式，眞讓我自嘆不如。

孟利跟我提起，這是一本寫給生科領域碩、博士學生，也是給科學哲學家看的書。但我覺得這本書的讀者群可以再擴充一些，任何對生物學研究有興趣的理、工科碩、博士生們，甚至有志跨生物學領域的所有研究者一樣適用。對於有志於生命科學研究的初入門者，雖然無法從這本書獲得豐富的生物學基礎知識，但在本書的每個角落，都詳細補充說明所提案例的背景知識，因此對初入門者而言，要理解作者在書中的研究表述，並不會有太多知識門檻上的困難。但比起學習基礎知識，我個人更覺得去了解一個學門在做什麼，能做什麼，其重要性與優先次序並不比較低；畢竟，「知識」可以一邊做研究一邊汲取（甚至這樣的學習過程更有趣、更能引發動機），但是在實驗工作的過程中，初入門者若能早一些接觸到學門中的那些難以寫在教科書中的「眉眉角角（台語）」，就可能避免犯上一些在實驗設計與數據詮釋上的謬誤。

我記得在英國求學時，第一次參加 Physiological Society 年會的晚宴上，一位同桌的資深教授分享他在晚宴前看過海報論文後的感想，關於某些論文的結論有過度衍伸詮釋實驗結果的現象：「就好像把一隻青蛙放在桌上，然後在牠上方拍掌，青蛙就跳開了；基於這樣的觀察，於是假設這隻青蛙是因爲『聽到』拍掌聲後被驚嚇才跳開。爲了證明這個論點，把青蛙抓回後截去後腿，再拍掌時發現青蛙不再跳開了，於是下結論說後腿對青蛙的聽覺很重要，因爲後腿被截斷了，青蛙聽不到拍掌聲，就不再驚嚇逃離。」當然讀者很容易看出這個笑話式隱喻中的謬誤之處，但前提必須是，你已經對青蛙這個生物體的各部構造與功能知之甚詳。不過我們對於各個擁有極度複雜性的生命系統（關於生命的複雜性，書中有很貼切的說明），想要了解其內的各部構造與功能，就是個大難題。

因此本書提到在生物學研究的實務中，常以「功能」爲主軸，將生物體化約爲一個個「模組化」的物件，然後對各個功能性「模塊」進行結構拆解，之後再拼湊各個模組的結果，來推想生命的運作原理；而在拆解模組的過程中，可量測的參數會因研究工具、儀器的本質性限制，會有測不準甚至無法量測的困境。如果考量到這些事實，則對一個初接觸生物學研究的研究生，甚至在其它領域已有一定科學素養的學者，會犯像上述青蛙聽覺例子中的判斷錯誤，就不會太訝異。

就以書中所舉的細胞質之例進一步討論。通常在教科書中，細胞質會被簡化成為一個空白的均質背景，很容易讓人想像一個胞器在這樣空無一物的環境中，能夠自由沒有拘束地從細胞內的一個角落移動到另一角落。假設某位研究生不論是以基因剔除或藥理學方法將特定蛋白質的功能阻斷後，發現胞器停止在細胞質內移動，因此這位研究生下了結論：「該蛋白質是位在胞器上扮演類似引擎的功能，讓胞器可以在細胞質內沒有拘束地自由移動；若此引擎式的運動蛋白質之功能被阻斷，胞器的移動便會停止。」但是在事實上，胞器在細胞質內的移動可沒那麼自由；細胞質內的空間其實充滿細胞骨骼與其它構造，不但障礙物多，多數胞器的移動也只能沿著細胞骨骼所形成的軌道上行進，而有著特定的移動方向與目的地。因此被阻斷功能的蛋白質，也有可能是形成軌道的骨骼蛋白而非胞器上的運動蛋白，或說，想像中的胞器引擎（這裡又再次體現作者要告訴讀者的另一件事：生命機制有時很難直接說清楚，要用很多的比喻）。

生物學家遇到這樣的推論困境，若要避免謬誤，得要設法去做回推猜想的工作。但要如何作呢？本書提出普通化學中一個基礎的課題，「反應機構」，提供讀者作為思考的線索。以剛剛運動蛋白的例子，若依反應機構中回推猜想的思考，左邊反應物端必須含有「胞器」＋「運動蛋白」這兩個獨立分項，右邊產物端則是「結合了運動蛋白的胞器」；亦即，若要說那個蛋白質就是在胞器上職司運動功能的蛋白質，還必須有該運動蛋白真能嵌附在胞器上，這類蛋白與胞器兩者之間交互作用的證據支持才行。甚至還需要有更進一步的反應機構拆解，也就是這個蛋白質是否具備一個運動蛋白該有的結構與功能特徵。

假設多數人的閱讀習慣是先撥點時間看看序，不知到此爲止，您對本書的想像與期許是什麼？上面只是綜合些許書中的觀點，加上我個人閱讀書稿後的理解，放在序文中，希望可以讓讀者在開卷之前先稍微知道，關於這本書想要跟讀者在生物學上的對話視角與內容。

對於在生物學海中沉浮 30 多年的我，這本書讀起來不但毫無枯燥、老梗的感覺，反倒是它的視角撩撥了我每一根神經。或許是因爲書中處處有著「沒有比科學家自己來投入科學哲學更具說服力」的棒喝關係吧，讓我有機會可以反思，自己曾經在生物學中做了「什麼」。我也爲這本書所設定的讀者群之一，「年輕的研究生」感到高興，因爲透過這本書，你能在入行的一開始就初步了解，未來你在生物學中將做什麼、能做什麼。在我服務的台大生命科學系（2003 年起合併自原動、植物系而設立），現在爲台大學生提供的普通生物學課程，不管是屬於必修、選修或通識，已幾乎遍及所有學院，這反應出現代生物學知識已成爲各領域精英必備的素養。而因應這波趨勢所衍生的需求，市面上不論是通俗或專業的，實在不乏相關的生物學中、外文書籍。然而像這本書這樣的視角與用心，雖不能斷言絕後，目前看來也算空前，或者至少是鳳毛麟角的；既然敢於不藏拙地爲這本書寫序文，雖然再說推薦是多餘的，但還是值得我再強力推薦一次。

目錄

第零章　從視網膜談起

先談一下人類的視網膜（retina）[1]，這個乍看之下根本違反最佳化設計的產物。

就動物體的「感覺」這件事情來說，理論上，感測元件（受器細胞或是神經末梢的樹突[2]）應該擺在最靠近欲感測對象的位置，然後將感測到的訊號轉傳給其後的神經纖維，再由其快速遞送至相關腦區處理。這樣的設計是因爲感測元件能夠在第一時間就接觸到刺激源，一方面避免感測時間的延遲，一方面也增加感測的靈敏度；再者，這樣也可以讓處理訊息的神經元之細胞本體離刺激源遠一點，以避免珍貴的神經細胞[3]受到過量的刺激之直

1. 有關於視網膜的主要結構與感光之生理機制，詳見下列教科書第十章：Stuart Fox and Krista Rompolski (2022). Human Physiology, 16th Edition. McGraw Hill.

2 神經細胞不僅是神經系統的構造單位，同時也是神經系統的功能單位，亦即我們在討論神經系統的作用時，不管是訊息的傳導或是儲存，神經細胞均可視爲一個獨立的功能元件，所以我們也將神經細胞稱做「神經元（neuron）」。在結構上，神經細胞皆有一個細胞本體（soma）以及由本體所延伸出的許多枝狀突起。細胞内的主要胞器均集中於細胞本體，周圍的突起又稱神經纖維，根據它們的外觀及功能特性可將其分爲兩類，一是樹突（dendrite），另一是軸突（axon）。樹突爲較短且分枝較密的突起，其内亦含有許多胞器；通常神經本體上會有許多樹突，這些高度分枝的樹突會增加神經細胞與外界接觸的表面積，此爲神經細胞可以廣泛接收其它神經細胞或週邊感覺受器細胞傳來訊息的構造基礎。在生物體的構造中，這種以密集分枝或是突起的形態來增加表面積的方式很常見，這也是生物體在有限的體積内增加反應空間的主要方法。

3 神經細胞在結構上不像肌肉那種比較強韌的細胞，而是脆弱易傷並鮮少再

接或間接的傷害（如圖一 A）。

結果視網膜的設計都剛好相反。

貼在眼球底部的視網膜是視覺訊號的初生地。位在此片組織內的感光細胞負責捕捉入眼的光，然後將光照訊息轉化爲調節化學物質釋放的指令，透過這些化學物質對緊鄰的神經細胞之刺激，把光照資訊轉譯成神經纖維上動作電位（action potential）[4]的放電頻率；再經過視網膜上數層神經元的整合後，將訊息進一步傳入腦中。這樣的敘述看起來很一般，但問題就在於上述這些

生的細胞。因爲每個神經細胞可能跟其它成千上萬個神經細胞形成突觸（兩個神經細胞接壤處的結構）的連結關係，而這些連結並非隨機事件，而是關係著一個個對應身體功能的特定迴路之形成；亦即，神經細胞並不若身體其他細胞那麼具有可替代性，若壞掉了一個，基本上就代表某些迴路處理訊息的特性被影響了，或許迴路上仍然有訊息在流動，但訊息的處理過程跟原先的就會有差距。所以各個感覺器官在接收刺激的過程中，若需要接受到機械力的直接作用，或可能會因過量刺激而產生傷害時，在演化中出現的保護策略，基本上就是讓神經細胞本體遠離刺激源，只透過從本體所發出的神經纖維接收從感覺受體或是受器細胞（通常是屬於特化的上皮細胞）偵測到的訊息。

4. 細胞膜的主要成分爲雙層磷脂質分子，此雙分子層的內部都是由脂肪酸的非極性、避水碳鏈所構成，因此帶有強烈極性的離子無法直接穿過，必須經由膜蛋白所形成的特殊離子通道進出細胞。不同離子所對應的離子通道不同，而不同通道的開關性質與穿越的難易度也不同，是以細胞膜兩側因離子對細胞膜的通透性差異與離子濃度的差異，會造成細胞膜兩側有一電位差存在，此即「膜電位（membrane potential）」。神經細胞的膜電位並非一成不變，只要細胞膜兩側離子之濃度及通透性改變的話，膜電位就會跟著改變。在離子濃度及通透性這兩項因素中，通透性是較容易改變的因素，如果有刺激開啓了某一離子的通道，則該離子的通透性就會增加，進而改變細胞膜之膜電位。神經細胞、肌肉細胞或一些內分泌腺體的細胞在其細胞膜上有兩類特別的由電壓控制開關之離子通道，一是鈉離子的通道、另一是鉀離子的通道。在適當的刺激之下，這些細胞能夠藉由這兩類通道的開啓，巨幅且快速地改變細胞膜上相關離子的通透性，進而產生具有遠距傳導性質的電位變化，亦即「動作電位（action potential）」。

感光細胞和神經元於視網膜上的位置剛好是「倒過來的」；也就是說，最先面對入射光的不是感光細胞，而是負責將訊息帶入腦中的節神經元（retinal ganglion cells)，不僅如此，在節神經元之後緊接著是雙極（bipolar cells）、無長突（amacrine cells）、水平（horizontal cells）這些位在各層也是神經元的細胞[5]，而且都是大喇喇地將細胞本體擺前線，一直到了底層才是職司捕捉光子的感光細胞。

很顯然的，這些蓋在感光細胞上的神經細胞群，勢必會減弱入射到感光細胞上的光線強度。

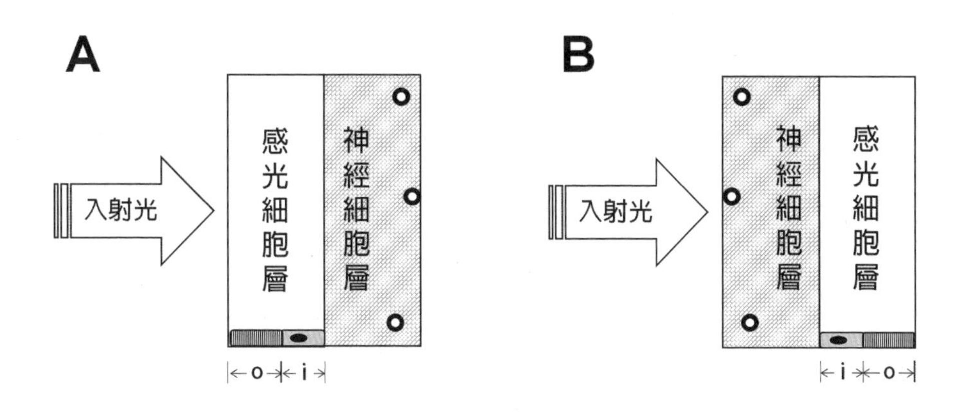

圖一、視網膜中感光細胞層與神經細胞層的相對分布方式。A. 就避免感測時間的延遲、增加感測的靈敏度，以及避免神經細胞受到刺激源傷害的角度來看，理想上，由感光細胞層先於神經細胞層受到入射光的刺激，並將感光細胞（灰底區塊所示意）中的外段區（o，此處含有諸多膜狀囊盤結構，光受體蛋白集中分布於此）朝向著光源，而含有細胞核的內段區（i）朝向神經細胞層，會是理論上較適當的安排；B. 在視網膜實際的結構中，

5. 「神經元」是一個通稱的名詞，實際上這個名詞包含著許多外形及功能各異的神經細胞；而其命名，通常會根據其外觀形狀、解剖位置、對應的功能屬性或分泌的神經傳遞物質來命名。這裡所稱的節神經元是根據其解剖位置命名，而雙極神經元、無長突神經元、水平神經元則是根據其外觀形狀而命名。

卻是神經細胞層先於感光細胞層接觸到入射光線，而會阻擾光線入射、含有細胞核的內段區，也位在光受體蛋白集中分布的外段區之前。圖中黑框的圓圈示意於神經細胞層中有血管分布，亦會干擾光線的入射。

會干擾光線偵測的，還不只蓋在感光細胞上面這些神經細胞。因爲這些感光細胞還用倒插的方式，將細胞內含有感光元件的外段區置於視網膜的最後面，直接緊靠作爲基底的視網膜色素上皮細胞層（retinal pigment epithelium）；亦即這樣的倒插方式，連感光細胞自己的細胞核都成爲擋住光線透過的障礙。而且爲了上面那幾層神經細胞的營養供應，還得有血管穿插到這些神經細胞之間，所以會干擾光照到感光元件的，不只神經細胞和感光細胞本身，還有更容易遮光的血管系統（如圖一 B）。

而且這種倒置式的擺設，還導致了一個必然的缺陷，那就是「盲點（blind spot）」的形成。

前面所提的那些擺在感測元件上面的東西，雖然會干擾，但畢竟還不會完全擋住光線的照入，因爲如果不是富含色素分子的細胞，那麼少數幾層細胞疊在一起，基本上還是可以透光的（想像你還是可以透過一片薄到 0.5mm 的火鍋肉片看到發光的燈泡）。雖然會造成到達感測元件的光量減少，但還不至於到全無的陰暗；即便有一些血管的分布，只要管徑不大、距離感光元件所在的位置夠遠，基本上也不會造成全暗的陰影。但就因爲這種倒置的設計，不管是最上層的節神經元之軸突纖維[6]要連回大腦

6　通常一個神經細胞只有一條軸突（axon），其起自細胞本體中名爲「軸丘（axon hillock）」的錐狀區。軸丘在細胞本體中是一個很特別的地方，此處細胞膜上含有高密度的電壓控制之鈉離子通道，此特性使得它成爲動作電位的產生處。軸突的分支不多，在其沿線上偶而可見到一些，然而在軸突的末端通常會有廣泛的分支；一個神經元的軸突有上萬個末端分支並不罕見，這些末端通常會與其它神經元近距離靠近而形成特殊的接壤結構，

內，或是供應神經細胞血液的血管要連回眼動脈與眼上靜脈，都無可避免地得由上而下穿透感光細胞層才能夠離開視網膜；也就是說，視網膜底部必須有一處是完全沒有感光細胞存在的地方，以作爲神經與血管離開的管道，而一個沒有感光細胞的地方，就成了「盲點」。

爲什麼人類的視網膜會演化出在直觀上如此奇怪的設計？答案還是得從「光是怎麼被感測到」說起。

就所有感覺系統的感測元件之設計來說，基本上都是「刺激」以原始形式（如嗅覺或味覺所對應的是氣味或食物中的化學分子）或經轉化後的形式（如聽覺的聲波經鼓膜轉換成拉扯的機械力）與感測元件實際接觸（感測元件通常是由蛋白質所構成的「受體（receptor）」[7]）。而在這個「接觸」的時間內，讓蛋白質受體產生某種結構上的變化，再由這個結構上的變化進一步引起某些足以改變膜電位的離子進出事件，以觸發其本身或與其接壤的神經纖維產生動作電位。而受體這個結構上的變化是可逆的，亦即在結束與「刺激」的接觸之後，受體的結構能夠回復到刺激前的樣子。

亦即突觸（synapse）。軸突通常較樹突長，有些控制足部肌肉運動的神經元之軸突，其由腰椎區延伸至足部，長度可超過 1 公尺。

7. 受體（receptors）是指細胞中能夠承接細胞外部傳來的特定刺激（化學物質或是光、熱、聲音等形式），進而在細胞內產生生理反應的巨分子，基本上都是屬於蛋白質這類的聚合物。對於化學物質的刺激型態來說，由於細胞膜的主結構是由雙層磷脂質分子所組成的薄膜，其中相對排列的避水性尾端，阻絕了大部分溶於水的極性物質的進入，因此大部分的對應化學物質的受體都是以貫穿細胞膜的形式駐留在細胞膜上，結構中有一部分是裸露在細胞外的環境中，可以跟那些作爲刺激物的外來化學物質短暫的結合在一起，並且因爲這樣的結合引發細胞內特定的訊息傳遞事件，導致對應於此刺激的反應發生。

是以無論「刺激」是分子、機械力，甚或是溫度，都必須在受體上「停留」一小段時間；在停留的這一小段時間內，「刺激」會改變受體分子內某些組成原子間的交互作用（通常是維持蛋白質三級或四級結構的非共價鍵結[8]），造成構形上出現足以引發其它實體粒子活動的可逆變化。這種「停留」通常是若即若離般的暫時結合，如果是屬於分子之間的結合，基本上是藉由非共價鍵的相互作用[9]加上彼此在構形上的契合所引起的，很容易因爲分子的熱運動[10]與周圍微環境的變化而分開，然後受體又恢復原

---

8. 蛋白質（protein）是泛指以胺基酸（amino acid）分子爲單體所聚合成的各種聚合物。其結構樣態可以從四個層次來說明：⑴一級結構係說明組成蛋白質的所有胺基酸之種類及鏈接的順序，這些胺基酸之間的鏈接是靠共價鍵（covalent bond），因此一級結構是穩定的結構，通常一段鏈結的胺基酸組，可以稱爲一段胜肽（peptide）。⑵二級結構是胜肽鏈接序列中，位於主鏈（backbone）不同胺基酸的酸基與胺基之間的 C=O 和 N-H，因氫鍵所形成的局部立體結構；雖然單一氫鍵的鍵能不高，但不管是形塑出 α 螺旋或 β 摺疊，這些氫鍵群是以近似平行的軸向排列，因此二級結構仍是相當穩定的結構。⑶三級結構則是鏈接的胺基酸序列，因爲不同胺基酸的側鏈（side chain）間之鍵結，形塑出蛋白質整體的立體結構。由於形塑三級結構的鍵結多屬於非共價鍵的作用力，單一鍵能不強，而且鍵結方向與發生位置不一定會有規律性的協同增益效果，因此三級結構比較容易因爲外部因子的影響而有不同程度的改變。⑷四級結構是指由不同的蛋白質單元聚攏後，所形成具有特定功能的複合體；這些蛋白質單元體之間主要也是依靠非共價鍵的作用力維繫複合體的結構，因此也容易受到外部因子的影響而有不同程度的結構變化。

9 化學上的非共價鍵相互作用（non-covalent interaction）不若共價鍵牽涉到的是共享價電子的機制，而是泛指分子間（或是分子內部）各式與電磁力相關的作用，像是氫鍵（hydrogen bond）、凡得瓦力（van der Waals forces）、避水性作用（hydrophobic interaction）等。其鍵能多在 20 kJ/mol 以下，遠小於共價鍵（多在 400 kJ/mole 以上）。

10. 熱運動（thermal motion）是指微觀粒子（分子、原子、電子等）在絕對溫度零度以上，會有不停息的無規則運動之現象；由於粒子運動的劇烈程度隨溫度升高而加劇，故稱熱運動。固體中的組成粒子雖然沒有明顯位移

來未活化時所具有的構形；若屬於機械力或是溫度的刺激，通常也不會牽涉到共價鍵[11]的破壞，仍然是在蛋白質的三級或四級結構中，那些非共價作用結束後就可回復的範圍內變化。

但「可見光」這種刺激源對蛋白質來說卻很難造成這樣的效果。由於光既像電磁波又像粒子的特性，它在蛋白質上的「停留」期間很短，短到是無法量測的瞬間，而且單一可見光的光子能量，通常也不足以造成蛋白質結構產生顯著的可逆變化，因此，單靠蛋白質本身並不足以完成此任務，需要尋求其他協同合作的方式。所以在生物體中，偵測「可見光」這件事情，必須交由能夠被可見光能量改變結構的化合物來負責。這類化合物是含有多個單鍵與雙鍵交替出現之共軛系統（conjugated system）的分子（通常還含有環烴的結構），因爲雙鍵中的π鍵之鍵能較低，因此在可見光的作用下，容易發生順反異構物之間的結構轉換。在人類眼睛的感光細胞中所使用的，就是 11- 順式視黃醛（11-cis-retinal）這個呈色分子。

這個分子量僅約 284 的小分子，要如何跟細胞膜的膜電位變化連上關係呢？

當然，最直觀的想法是，把視黃醛分子當作「配體（ligand）」來看待[12]：11- 順式視黃醛接受可見光刺激後轉化成

的運動型態，但仍可透過振動的形式，反映出熱運動的程度。

11. 共價鍵（covalent bond）是種化學鍵，當兩個電負度（electronegativity，指原子在分子中對參與鍵結的電子之吸引力）相近的原子結合成分子時，通常藉由共用一對價電子（valence electron，原子最外層電子殼層中的電子）的方式鍵結，此種藉由兩個原子核吸引同一對價電子的成鍵方式，稱爲「共價鍵」。

12. 在生物化學裡所說的配體（ligand）係指可以跟受體或酶（通常爲蛋白質分子）短暫結合，促成受體或酶的分子構形改變之物質，且可因此構形的變化而觸發細胞產生特定的生理反應。

全反式視黃醛（all-trans-retinal），而全反式視黃醛會導致光受體蛋白發生構形變化，從而進行調節某些離子通道開關的工作；是以 11- 順式視黃醛可以算是「準配體」，而全反式視黃醛則是發揮作用的「配體」。

基本上，這是個合理的想法，因爲一些分子量與視黃醛相當的小分子，像是分子量 329 的環腺苷單磷酸（cAMP）或是分子量 420 的肌醇三磷酸（inositol 1,4,5-trisphosphate, IP3），就是細胞內常用來活化許多離子通道或是酶的配體；而且 11- 順式跟全反式這兩個視黃醛的同分異構物之間，具有在細胞內的環境下就能夠進行轉換的方式，對於調節這兩種分子間的相對數量以便管控的目的來說，也是可行的。不過壞就壞在這類具有共軛系統加環烴的呈色分子，整體結構上是屬於避水性（hydrophobic）[13] 的物質；正

13. 當一個共價鍵中的共用電子對在兩個原子核之間有著偏向某一端分布的現象，我們就可稱這個共價鍵帶有「極性（polarity）」。極性是個有方向性的作用力，一個分子內可能會有很多個共價鍵，有的有極性，有的沒有極性（若外層還含有未共用電子對，這些未共用電子對的極性也需加入考慮），如果分子內部的各個極性之分布具對稱性，那麼這些極性的向量總和就會爲零；也就是說，這些極性被彼此抵銷掉了，所以整個分子內的電荷分布變成均勻的狀態，就這個分子整體而言，仍是一個非極性的分子。但如果像水（H_2O），分子內三個組成原子所形成的鍵角爲 104.5 度，因此分子內各極性向量無法抵銷，所以水分子就成了一個有極性的分子。
當分子有了極性，對物質的溶解性質就會有很大的影響。極性分子可溶於由極性分子所組成的極性溶劑中，而非極性分子則很難溶解在這些極性的溶劑。這個現象的原因在於，分子的極性意味著在分子結構中的某個部分有正電或負電的性質，因此在極性溶劑的組成分子間，就多了這種正負電相吸的作用力，所以溶劑分子之間的結合是緊密的。如果在這樣的極性溶劑中加入了非極性的溶質，因爲非極性的分子在構造上並沒有正或負電荷分布的特質，少了正負電相吸的作用力，這樣的溶質分子並沒有辦法取代某個極性溶劑的分子去和另外一個極性溶劑分子結合，因此放入的溶質，不論如何攪拌，最後都會被溶劑分子間正負電相吸而形成的緊密結合所排擠，導致非極性的溶質和極性溶劑之間終究還是會自然形成兩個截然分開

因爲溶解度低，所以在裡外皆是水的細胞環境中能以游離狀態存在的數量極少，這就成爲視黃醛作爲訊息傳遞分子的致命傷。

由於視黃醛的避水性，所以視黃醛無法在要用的時候才擴散去跟光受體蛋白結合，而是得先行連結在光受體蛋白的結構上。它是嵌附在光受體蛋白中，七個環插在細胞膜上的螺旋柱狀結構所撐出的非極性凹洞內[14]。而且爲了使這樣的嵌附是穩定的，視黃醛和光受體蛋白之間是以共價鍵結合；如此不僅可以讓光子撞擊之前的視黃醛穩定搭在光受體蛋白之內，也確保光子撞擊後的視黃醛結構改變，能夠準確帶動光受體蛋白產生相對應的構形變化。

的部分。在這個被極性溶劑所區隔的非極性溶質裡，溶質分子間便多了因爲溶劑分子的推擠所增加的作用力，此多出的作用力就稱爲「避水性作用（hydrophobic interaction）」所造成的結果。

14. 細胞膜的基礎成分爲磷脂質分子。磷脂質這一大類所涵蓋的分子，在結構上恰巧可分成質與量上旗鼓相當的兩大部分，一個是由磷酸酯構成帶有極性的親水頭端（hydrophilic head），另一個則是由碳氫長鏈打造的非極性避水尾部（hydrophobic tails）。細胞膜是雙層磷脂膜的構造，兩層磷脂質分子的避水尾部相對排列，位於膜的內側；親水頭端則各自朝膜的兩個外側，對應那些與水接觸的環境。這樣的雙層磷脂結構就能讓這片膜因著極性的兩面之親水性質而自在的存在於水中，也因爲兩層避水尾部被水擠壓而聚集，所以不致於在水中四散開來。

蛋白質是由胺基酸聚合而成的，當一段連續的胺基酸形成 α 螺旋的二級結構時，那些胺基酸的側鏈就分布於螺旋的外側（因爲螺旋的內部沒有足夠的空間可以容納這些側鏈），如果這些側鏈的性質恰好屬非極性，那麼這就是一根不溶於水的螺旋柱。若這根螺旋柱的長度正好略等同於雙層磷脂質中間避水尾部的寬度，再佐以螺旋柱的兩端均是擁有極性側鏈的胺基酸序列，那麼，這根不溶於水的螺旋柱就可以穩穩的卡在細胞膜中，不會上移也不會下沉；因爲不管上移或下沉，一不小心露出來的非極性部分，都會被緊密相連的水分子們攜手趕回細胞膜內。如此，這些非極性側鏈的螺旋柱就會像是掛釘一樣的將整個蛋白質穩固在細胞膜上。而在光受體蛋白組成中，七個跨膜螺旋柱有類似環型的聚攏樣態，因此在這七根環列的螺旋柱所圈出的空間內，就像是在細胞膜中撐出個非極性的凹洞。

這種配體與受體間以共價鍵結合的方式是少見的，因爲共價鍵的鍵能高，不容易打斷，很難調控。而視黃醛和光受體蛋白是以共價鍵連結，若是此共價鍵無法因單一次光子的作用而破壞，在感光之後，視黃醛也無法因爲光子的消失而在原位自發性地從全反式直接變回 11- 順式，那麼這個已變成全反式的視黃醛便會一直共價連結在光受體蛋白的非極性區域內，此時也很難有酶或輔助的分子塞得到裡面去協助這個反式的結構再順回去（因爲細胞內的酶基本上都是水溶性的極性分子）。如此一來，就等於光受體一旦被光子打中後，全反式的視黃醛就會架著受體蛋白讓它一直處於活化狀態；也就是說，即便之後沒有任何光子再打中，視網膜還是會持續產生有光的感覺。

顯然這樣是不行的。

既然無法在光受體蛋白內現地改變，那就只能讓全反式視黃醛脫離光受體蛋白，釋放到受體外面的環境以進行回復作業。剛好，雖然視黃醛跟光受體蛋白是共價鍵結合，但因爲受的是光子的直接撞擊刺激，吸收的能量除了將 11- 順式變爲全反式之外，光受體蛋白也會因爲視黃醛的構形改變加上由光能所促成的熱反應，在一連串形變之後，連帶截斷兩者之間的共價鍵，讓全反式視黃醛得以脫離。不過這個脫離出的全反式視黃醛將來還得在多種酶的逐步作用下，才能重新變回 11- 順式的結構。這個自反返順的過程複雜，不只在感光細胞內處理，甚至得動用到與感光細胞接壤的其它細胞之協助。

當然這個脫離的過程不是自由地逸散到細胞質那麼簡單，畢竟視黃醛是個難溶於水的非極性分子，所以得需要有其它承接及運載的分子之轉接協助，才能讓全反式視黃醛離開光受體蛋白；

不然的話，僅憑避水性作用力的壓迫，即便共價鍵斷裂了，全反式視黃醛仍然很難脫離光受體結構中的那個非極性口袋。雖然從接受光刺激算起到 G 蛋白[15]的活化作用僅僅需時幾毫秒，但全反式視黃醛的脫離過程則需時長達以分鐘計；也就是說，一旦光受體接受光線刺激之後，這個光受體從全反式掙脫的過程到新的 11- 順式重新嵌附上的這段時間內，它是無法再對光線的刺激產生反應的。

在這個時間的基礎上，我們可以對光受體的數量作個簡單的估算。假設某個光線強度需要 100 個光受體分子同時被激發才能被大腦確實感受到，而光受體在感光細胞的膜狀囊盤上的單位面積之分布密度若達 40 個，就足以保證這種強度的光照進來會有 100 個受體被激發[16]；如果密度比 40 低，感光細胞中被激發的光受體數目就不足 100 個，大腦就感受不到光。倘若此時桿細胞（感光細胞的一個種類）分布光受體的膜狀囊盤總表面積有 10 平方單位，上面共有 500 個光受體，此時光受體的平面分布密度是 50，在這個前提下，先以這個強度的光線照進來一下子，因爲一開始光受體的密度爲 50，因此一定有 100 個光受體被激發，進而產生光覺；但在這之後至少一分鐘內，於同樣的細胞膜上只

---

15. G 蛋白（G Protein）是一種可以和鳥嘌呤核苷酸（guanine nucleotide）結合的蛋白質，由 α、β、γ 三種次單位組成，在功能上多與細胞膜上的 G 蛋白耦合受體（G-protein coupled receptor）匹配進行。光受體分子即是一種 G 蛋白耦合受體，在其分子位於細胞膜內側的結構所接壤的 G 蛋白，可以將光受體受光後所產生的構形改變，轉換成細胞內的訊息傳遞事件。

16. 此時是以光爲粒子的概念來說。若光受體密度固定，則光越強，打到單位面積上的光子越密，碰到光受體的機會就越大；若光強度固定，亦即打到單位面積上的光子分布密度一定，則光受體越密，碰到光子的機會越大。

剩下 500 – 100 ＝ 400 個光受體可用，所以可用的光受體密度變成 40。因爲此時可用的光受體密度尚有 40，如果以同樣強度的光隔一秒鐘再照一次，就剛剛好有 100 個光受體被激發，所以還是可以正確感受到光照；但在這之後至少 59 秒內，於同樣的細胞膜上就只剩下 400 – 100 ＝ 300 個光受體可用，所以可用的光受體密度變成 30。也因此若是再隔一秒再照光，那就不保證有 100 個光受體能夠被激發，因爲此時的密度已經小於 40 了。

也就是說，因爲光受體復原的時間太久了，數量不多的光受體無法接續維持對光線照射的正確感受。那怎麼辦？如何才能接續維持正確的光感？

我們設想另一種數量的情況：如果光受體的密度同樣是 50，但這個 50 是 50000 個光受體除以 1000 平方單位的膜狀囊盤的表面積。同樣的，假設某個光線強度需要 100 個光受體分子同時被激發才能被大腦確實感受到，而分布密度 40 就足以保證該強度的光照進來會有 100 個受體被激發，但如果密度低於 40 就不足了。此時若以這個強度的光線照進來一下子，因爲光受體密度爲 50，因此一定有 100 個光受體被激發；而在這之後至少一分鐘內，於同樣的膜狀囊盤之總表面積上，還剩下 50000 – 100 ＝ 49900 個光受體可用，所以可用的光受體密度變成 49.9。如果以這種強度的光隔一秒鐘再照一次，在光受體密度高達 49.9 之狀況下，還是很容易會有 100 個光受體被激發，因此還是可以正確感受到光照；而在這之後至少 59 秒內，於同樣的膜狀囊盤之總表面積上，還有 49900 – 100 ＝ 49800 個光受體可用，可用的光受體密度仍然高達 49.8。

這就是解決之道：如果分布光受體所在處的表面積夠大、分布其上的光受體數目夠多的話，那麼在光照下，光受體的密度仍可以維持較長時間的穩定，不至於過快衰減；這個較長時間的「長」，是長到足夠讓重新生成的 11- 順式再嵌附回光受體蛋白之前，維持感光細胞內堪用的光受體數目仍足夠的「長」。所以在實際的視網膜組成中，爲什麼感光細胞中的錐細胞（感光細胞的另一個種類）在外段區會有細胞膜內陷爲一層層膜狀囊盤的結構；在桿細胞的外段區，上千個扁平的膜狀囊盤甚至與細胞膜分離，成爲在細胞內高度密集層疊的結構。這都是爲了在有限的細胞體積內，爭取最大的膜表面積，好容納上億個光受體分子分布其上。

雖然以高度密集層疊的囊盤承載巨量的光受體分子，這樣的設計可以滿足準確光感的持續性要求，但卻引發了另一個嚴重的問題：熱。

基本上，光子的能量在感光的初始階段被視黃醛吸收後，在光受體結構變化的過程中，又會逐步以熱的形式將能量散發到感光細胞外段區中層疊的囊盤周邊。而全反式的視黃醛在脫離受體蛋白後的處理過程，以及外段區其它所需物質的運送與代謝，大都是耗能的反應；那些在耗能過程中所釋放出來的熱，也同樣地會散發在囊盤周邊。但囊盤高度密疊的狀態讓熱變得不容易散出，蓄積下來，囊盤附近的溫度會局部升高，對於囊盤的運作而言是個不利的因素，對感光細胞本身也會是個傷害。

更麻煩的是，爲了精確反映入射光的強度，最佳的狀況應該是感光細胞所偵測到的都是直接從外面進來的第一手光線，盡量摒除在第一時間沒有被感光細胞捕捉而穿透過去、碰到其它組織再反射回來的二手光線的干擾。所以爲了確保沒有反射的現象發生，最可行的作法便是在感光細胞中的外段區之「後」（以光線的入射處爲「前」），緊接著鋪墊一層可以吸收光線的東西。人的眼睛裡是以一層富含黑色素分子的「視網膜色素上皮」來擔負這個任務，這層細胞因爲富含深色的色素分子，所以可吸收大部分未被感光細胞捕獲的光線；這些被黑色素吸住的光基本上就轉化成熱能散發，所以這層色素上皮細胞也是眼睛內主要的產熱部位。就這樣，感光細胞內的大熱源外段區擺在色素細胞這個大熱源上，對感光細胞、視網膜色素上皮細胞都形成了熱上加熱的煎熬。

爲了避免燙壞彼此，這個熱上加熱的窘境，就得要靠一個高效率的冷卻系統來協助才行。人的眼睛是把這個任務交給一個「水冷」系統來執行，在色素上皮層的後面，分布了一片稱爲「脈絡膜（choroid）」的微血管床。那是一個大而扁平的微血管網絡，這些微血管的管徑比一般組織中的大，而且管壁在最靠近感光細胞的一側變得比較薄；這些構型不僅讓脈絡膜可以提供較大流量的血液，而且可以更快速地疏導緊鄰的色素細胞以及隔鄰的外段區之熱（如圖二所示之相對位置）。當然除了熱能的疏散外，這些豐富的血液供應，也同時滿足了感光細胞旺盛的代謝活動所需要的物質需求。事實上視網膜是人體所有組織中能量需求相對較高的組織之一，而感光細胞則是視網膜中代謝最旺盛的細胞。不過儘管如此，外段區中最靠近色素細胞的幾層囊盤仍然容易因熱而損壞，需要不時銷毀遞補，是以感光細胞的整組囊盤一直處於動態更新的狀態。

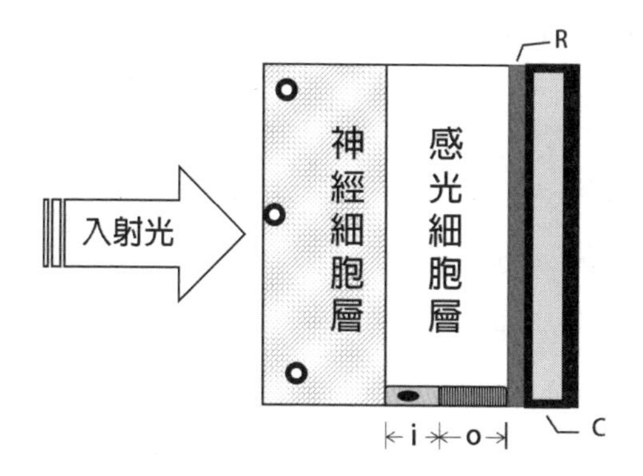

圖二、視網膜的基底由緊鄰感光細胞層的視網膜色素上皮（R）以及其後的脈絡膜（C）所組成。而在感光細胞層中的感光細胞（灰底區塊所示意），不論是桿細胞或錐細胞，與視網膜色素上皮緊鄰的皆為以膜狀囊盤結構為主的外段區（o），而含有細胞核的內段區（i）則向著神經細胞層；脈絡膜的微血管之管壁在最靠近感光細胞的一側變得比較薄

光受體感光的特殊方式對應了視黃醛的性質、光受體在數量上的需求對應了其感光方式的特殊、外段區中的膜狀囊盤之堆疊對應了光受體在數量上的需求、色素上皮與外段區的緊密接壤對應了光感測不能受反射干擾，而脈絡膜豐富的血流則對應了吸光發熱的色素上皮與外段區之散熱需求。在這些環環相扣的事實基礎上，我們就能很清楚地理解本章一開頭所說的「倒過來」：因爲富含充沛血流的脈絡膜與強力吸光裝置的色素上皮層，必須緊貼著感光細胞的膜狀囊盤所在之外段區；所以如果不倒過來，就讓感光細胞位在視網膜受光之第一排的話，那麼脈絡膜與色素上皮就只能披覆在這第一排最先接觸到光的那一面上，這樣反而會大幅阻礙了光線與感光細胞相遇的機會。

在以上這個生物學研究的課題中，「研究什麼？」可以說探討的是視覺器官的解剖結構與生理功能之間的關聯性，而其對關聯性的論證依據，則是基於各種物理、化學或數學的理由。這個視覺的例子切入問題的方式，通常也是其它課題的生物學研究提問的方式：一個是「什麼東西是主角」，亦即哪些生物體或是其個體的哪部分結構、哪些組成直接與研究課題相關；另一個則是「這些演出者如何活動」，這些活動可能是電荷間的吸引或排斥力之作用，也可能是能量的投入或散失，也或許是過渡狀態的形成與消失。是以「什麼」與「如何」這兩個重點的探討，可以說是生物學家所認知的生物學「研究」之主要問題。

若進一步問說當我們了解了「什麼」與「如何」之後，對於詮釋生命這件事情有什麼幫助？這就是本書書名中的第三個問號，「理解了什麼？」，亦即對了解生命現象有什麼幫助。雖然這個問號的答案沒辦法像第一個問號那麼客觀，但還是有可能朝盡量客觀逼近；逼近的方式，就是從演化（evolution）的角度來思考問題。

每個種類的生物體之所以長成現在這樣子的結構，以目前生物學界的普遍認知，都是在漫長的時間進程中，族群內各式變異樣態的個體，不斷在變化的環境中競爭、被篩選，倖存者讓變異一個細節一個細節逐代地累積下來；這些經過不斷淘汰而留存的自然界作品，就是我們現在看到的，在目前的環境下，以它精確且巧妙的機構執行高效率功能的生物體。所以順著這個演化的想法，若要說明一個現存的生物體結構或生理機制，在生命運作中的「意義」或「價值」這類主觀的問題時，便可以從「是否有利於生存」這個角度切入；畢竟由演化的觀點來看，能生存下來的物種，才稱得上是「適者（survival of the fittest）」。而在考慮對於生存這件事情是否「有利」，又可以從兩個方向思考：一是

在生存的環境條件下，生物體的結構通常是以整體組合花費最小成本（能量與材料）的方式，完成必須做到的事情[17]；二是生物

---

17. 在註解 6 所提到的 G 蛋白耦合受體就是個例子。受體跟刺激物的結合是一個動態的短暫畫面，因為一般受體跟刺激物兩者之間，基本上是屬於非共價鍵的結合，這個結合狀態就很容易被瓦解。一旦刺激物離開了受體，原本受體的活化狀態就會回復原來的不活化的狀態。也就是說，如果要活化的受體導引出足夠量的細胞內訊息傳遞物質，那麼就必須要夠多的刺激物才行；亦即，雖然每一顆刺激物與受體結合的時間短暫，但只要刺激物的濃度夠高，一顆碰完受體離開後，另一顆又立刻補上，那麼看起來受體就像是一直被活化著。但是，如果細胞上全部的受體都以這類的方式來控制功能的話，就會遇到個極麻煩的問題：每樣刺激物都要夠高的濃度才行。
而 G 蛋白耦合受體便是個降低對刺激物濃度需求的好方法。這類受體向細胞內突出的結構附近會有許多 G 蛋白存在，受體可以因非共價鍵的力量吸引 G 蛋白與其結合。雖然這種靠非共價鍵力量的結合是不穩定的，但因為受體附近的 G 蛋白不少，碰撞到的機會很多，所以還是可以把 G 蛋白和受體看做是相伴在一起的組合。通常受體在細胞內的結構與 G 蛋白耦合時，受體裸露在細胞外的結構就會對刺激物有較高的吸引效果，刺激物只需要少少的濃度就可以與之結合；但是如果只有單獨的受體，那麼受體跟刺激物的結合狀況就很差。
當耦合了 G 蛋白的受體又與刺激物結合之後，這個結合會造成受體本身結構上的改變，進而影響到跟其耦合的 G 蛋白結構跟著變化。最常見的影響是原先結合在 G 蛋白上的 GDP 被替換為 GTP，接著 G 蛋白裂解成兩部分— α 次單位和 βγ 次單位—這兩個次單位因為這樣的分開而各自可以進一步影響其它的酶或通道的功能，造成細胞內某些訊息傳遞物質忽然增多。在 G 蛋白被裂解而與受體分開後，這個與刺激物結合的受體在短時間內還可以對附近其它幾個完整的 G 蛋白作用，又造成這些 G 蛋白的裂解，使其分開的次單位體也可以發揮作用。不過由於受體在沒有與完整 G 蛋白耦合的狀況下，刺激物與受體的結合狀況變得很差，很容易就脫離了受體，無法一直持續刺激 G 蛋白裂解。
在上述的過程中，G 蛋白耦合受體並不直接擔負產生細胞內訊息傳遞物質的責任，而是藉由它所裂解的 G 蛋白來執行增多傳遞訊息物質的功能。所以即便刺激物已經與受體分離了，但在它們結合的那個短暫時間內，已經有許多個 G 蛋白被裂解了，這些被裂解形成的 G 蛋白次單位體，在刺激物離開受體後仍然可以繼續其功能。也就是說，一次的刺激物與受體結

體的結構，通常是在有限的體積內盡量增加各反應物的接觸機會，以確保該體積內的化學反應能夠在符合需求的高效率下進行[18]。因爲這兩條線索都是物種在競爭時可以脫穎而出的致勝之

合之事件，就可以放大爲10~100個持續進行的訊息傳遞事件，達到降低對刺激物濃度的需求。

18. 例如在前面所提到的感光細胞，錐細胞在外段區會有細胞膜內陷爲一層層膜盤的結構，而在桿細胞的外段區中，上千個扁平的膜狀囊盤甚至與細胞膜分離，成爲在細胞內高度密集層疊的結構。這都是爲了在有限的細胞體積內，爭取最大的膜表面積，以容納上億個光受體分子，讓光覺能持續的發生。而且在細胞內形成這樣高度密集層疊的結構，會讓細胞內區隔出很多小體積的次空間；小體積的空間，是生物體用來增加反應物濃度以提高反應速率最常見的方式。

對生物體來說，利用增加反應物分子的數量來加快反應速率並不是理想的方法，因爲這意味著需要吃進更多的食物，所以會增加尋找食物、競爭食物與處理食物的時間與風險成本。更何況，更多反應物的加入，最後就會產出更多的產物和廢棄物，生物體得再消耗更多成本來處理過量的產物與廢棄物。如果從這個角度思考，同樣是增加反應物的濃度，縮小反應處所的體積會比增加反應物的數量來得適當。

體積小，還有物理上的效率優勢。溶解在水中的各種粒子會因爲「熱」而運動造成位移，在位移的過程中，粒子之間會彼此隨機碰撞，因此每個粒子在每個瞬間的運動方向也是隨機的。長時間、整體來說，濃度高往濃度低的區城所遷移的粒子數目會多於濃度低往濃度高所遷移的，所以最後會使得粒子在所有區域呈現動態的均勻分布。也因爲這個移動的過程含有隨機的因素，因此粒子擴散所花費的時間會與擴散的距離平方成正比。對於細胞來說，不管是原料從細胞外擴散進來，或是將細胞內反應所產生的廢棄物擴散到細胞外，兩者都需要透過細胞最外層的細胞膜才行。假設細胞的形狀是個球體，若半徑變大爲原來的兩倍，那麼物質從細胞中心擴散到細胞膜所需要的時間將增加爲四倍，這大大增加了原料供應與廢棄物移除的時間成本。另外，球形體積的增加幅度是半徑增加的立方倍數，而表面積的增加幅度只是半徑的平方倍數；若半徑變大爲原來的兩倍時，體積將增加爲原來的八倍，但表面積只變爲原來的四倍，導致細胞內部單位體積所能夠分配到的細胞膜表面積只有原來的二分之一，減少了細胞內外交換物質的效率，這也是小體積的好處。

道，讓該物種成爲演化時能活下來的適者，所以我們在詮釋「什麼」與「如何」的意義時，就可以從這兩個能夠成爲生存下來的「適者」之方向說明。

然而不管是哪一個層級的生命現象，即便像前面只是談到眼睛內的視網膜而已，如果要探討其之所以然的原因，所面對的課題，都牽涉到龐大又複雜的體系，在體系中又有著龐大又複雜的成員間關係。於視網膜的例子中，光是細胞的種類就有組成視網膜各層的神經組織、皮膜組織與結締組織中的多種組成細胞之參與，還有分布其上的各血管結構細胞以及其內血液所含的各種血球細胞；這還沒有談到與視網膜相鄰，協助支持視網膜緊貼在眼底的玻璃體（vitreous body）。也由於生物學是一門分枝龐蔓的學問，小至細胞大到整個生態系都可以是這門學問的研究主角，因此在研究方法上，也同樣是龐大而複雜，從細微到以電子顯微鏡顯像胞器至寬廣到以無人機調查山林植被，都是生物學常用到的研究工具。觀諸生物學的發展史，甚至可以說生物學的研究從來不能自外於物理、化學、數學及各式工程機電的知識與設備而發展，因爲研究課題的選定不只決定於生物體需要被了解的面向，亦決定於研究工具所能夠達到的效能，所以就研究工具的多樣性與背景知識的複雜度來說，也是龐大又複雜。是以在研究對象與研究工具皆龐雜到難以全盤掌握的狀況下，生物學在大眾的印象中，甚或是生物學研究工作者的眼中，就是零碎片段知識的集合。

而除了龐雜零碎之外，生物學也常常被認爲是一門不精準的科學。「不精準」是因爲生物學很難用精準的數字準確說明所要討論的現象，常常需要借助於類比的想像與譬喻之質性的敘述，才能夠講清楚某項研究課題之內涵。這種以文字式、非量化的模糊方式來表述生物學的內容，一直是生物學與物理、化學這類可以誤差極小的方式，幾近準確量化的自然科學差異最大的地方。但是從另一個角度來看，生物學又是一門精準的科學，例如利用生物學知識所發展出的一些永久性免疫之疫苗使用、許多疾病的用藥所能發揮的療效，或是許多激素對於生理狀態的調整控制，均可以說是達到了準確掌握的程度，也對於人類的健康與生活產生了重大的影響。上述這些龐雜零碎，精準與不精準，都和生物學所使用的研究工具與方法密切相關，因此本書名中的第二個問號，談的就是「如何研究？」這個在第一與第三個問號之間的銜接工作。

由於生物學的研究對象與使用方法之龐雜分歧，使得生物學成爲一門很不容易以通則來勾勒其研究面貌的科學；也由於生物學同時有著精準與不精準的雙極面貌，因此生物學也是一門不容易評估其研究內涵良莠的科學。但今日的生物學研究已是一個龐大的「產業」，不僅從事生物學研究的科學社群人數眾多，各界投入的資金以及相關研究成果所能產出的收益，也已成爲社會上重要的經濟活動，甚至在公共衛生與生態保育等議題上，生物學的研究成果更是政治攻防所必需的基礎材料。是以不管從研究資源的分配、投資標的項目的選擇、或是公共政策的擬定各面向來看，既然生物學研究的發展趨勢、可信度與成果優劣已是左右這些活動的關鍵，那麼關於生物學的這些面向，就一定存有些共識的基礎，讓這些分配、選擇、擬定的活動能夠順利進行。也就是說，雖然生物學很不容易以通則的方式來勾勒其研究面貌，但一定還是有些像通則性的想法貫穿在研究者心中，讓大家彼此間的工作有相互溝通的可能；雖然生物學同時有著精準與不精準的雙極面貌，以致於不容易評估其研究良莠，但也一定有些被普遍接受的評估方式存在於研究者心中，讓大家彼此間的工作有相互比較的可能。

在接下來的五個章節，本書所要探討的，就是在生物學研究中這些隱而未明的通則性想法與評估方式。先從生物學如何界定研究標的與使用的研究工具之特性談起，再從這些標的與工具的特性出發，說明生物學在因果關係與機制推理上所遇到的限制，並以此爲基礎，思考我們對於完整生命歷程的解析能力是否有個無法跨越的極限。

第一章　生物學研究的標的——以功能所對應的結構，模組化生命現象

生物學研究的對象是生物，但，什麼叫做「生物（organism）」？簡單來說，就是能表現出生命（life）現象的東西。但什麼是生命現象呢？這是一個乍聽之下簡單但認眞說起來非常困難的事情。因爲「生命」在日常生活中是個主觀而且直覺的概念——一個木頭櫃子沒有生命，但是戶外的樹有生命；一個毛茸茸的貓形抱枕沒有生命，但正在吃著飼料的貓有生命——這樣的辨識對絕大部分的人來說，都是不需要思索就能夠自然判斷的事情，而且幾乎每個人的判斷都一致；但是如果對象是只能透過顯微鏡才看得到的細菌跟黴菌，那麼每個人的直覺可能就會有不少差異了。所以，若是要讓生物學成爲一種客觀的學問，讓每個人都可以在具有共識的基礎上去討論，那我們還是得嘗試從這些很直覺、很主觀的判斷中去找出某些共通的原則。

我們對於生命的認知，源起於日常對實體外表變化以及活動形式的觀察，是以生物學的重心一開始就落在「構形（conformation）」與「組成（composition）」這些結構（structure）的概念上[19]，諸如外表有什麼特徵、體內有什麼長相的器官、

19. 在本書中將「結構（structure）」分成兩個部分來討論。其中「構形（conformation）」指的是物體的外表樣貌，以及存在這些外表樣貌中與電荷分布有關的物理屬性（例如在外表中的某個內凹處帶有負電荷或是極性）；而「組成（composition）」指的是構成一個實體（physical entity）的各種實物零組件，可以是心臟這樣的器官（相對於個體而言）、可以是心肌細胞（相對於心臟而言）、也可以是鈣離子這樣小的物質（相對於細胞而言）。

器官由什麼樣的細胞組合、細胞內又含有哪些物質；藉由觀察這些構形與組成隨著時間而變化的樣貌，通常可以推測出各級結構和功能之間的關係。但是「功能（function）」也是一種很發散的概念，如果要聚焦一些來說，「生長（growth）」、「代謝（metabolism）」、「繁殖（reproduction）」以及「感應（responsiveness）」這幾個現象，可以用來當作跟生命最相關的四種「功能」。亦即當我們嘗試從一些很直覺、很主觀的判斷中去尋找「只要是生物，就都會有」的共通性原則時，那麼以能不能表現出「生長」、「代謝」、「繁殖」以及「感應」這些功能來當依據，對大多數人來說，應該算是可以接受的說法。

不過，這些「功能」能不能直接就拿來當作是「生命」的定義呢？

如果是以這些「功能」有否皆出現來當作定義，那麼這四個要件若是有一個不符合，依定義來說就不是有生命的東西了。不過若是四個裡面已經有了三個，卻說它不是生物，好像又怪怪的，畢竟這些現象是從主觀的直覺中歸納出來的；既然主觀，就可能有不完備的地方。例如，這四項之間有沒有誰比誰較重要的排行順序？「繁殖」有沒有比「感應」重要？好像有，畢竟不能產生後代的話，生命就無法衍生下去；但「感應」對當下能不能活下去卻又至關重要，如果看不到、摸不到也聞不到，就那無法找到食物了。由於誰比誰重要很難說清楚，所以我們會看到一種曖昧的、模糊的說法：「介於生命跟無生命之間」，表面上看起來有，但實際上又不是那麼一回事。例如病毒，就是一種被認爲是介於有生命跟無生命之間的東西[20]；又例如狂牛病的病原體是

20. 病毒（virus）非常小，小到體積只約略是人體一般細胞的十億分之一。它

一種叫「普恩蛋白（prion）」的東西，這種普恩蛋白表象上好像是活的，會繁殖散佈出去，但實際上四項標準都不符合，所以好像也可以套用「介於生命跟無生命之間」的說法[21]。不過因爲病毒與普恩蛋白在貌似「繁殖」的過程中，新生成的個體與舊個體之間一直都是分開獨立的，亦即新個體的結構並非從舊個體之內的結構衍生而來，所以在實務上還是歸類到「無生命」的那端比較適合。

這是生物學研究上的困境：給了像是「定義」的說法，但這個定義是不是能夠涵蓋全部探討的對象？句末的問號就是我們的困境。雖然生物學常常被說是充滿了特例，不過就生命現象的四個觀察指標來說，這已經是盡可能涵蓋大多數現象所能夠下的定義了；剩下那些涵蓋不到的，就只能用特例的方式做個別性的討論。

的結構非常簡單，簡單到通常只有一層蛋白質分子所構成的外鞘，包裹著由核酸組成的遺傳物質。這些外鞘通常會形成很特別的構形，有的病毒在蛋白質的外鞘外面又包了一些由其它蛋白質組成的襯套，再加上一層與細胞膜結構很像的外套包膜。由於病毒的構造就這麼簡單，沒有一般細胞那麼多樣化以及足夠數量的分子、離子等物質，所以在病毒體內無法獨力完成像是遺傳物質複製與合成蛋白質這類關鍵的化學反應，必須要進入到宿主細胞內，依靠宿主細胞的酶系統與各式原物料來幫忙其生產各部組件。因此就生物學的觀點來說，病毒進入宿主細胞後雖然最終會有數量上增加的事實，但「生長」、「代謝」、「感應」都付之闕如，所以頂多可以稱它爲介於生命與無生命之間的物質。

21. 「普恩蛋白（prion）」是僅由蛋白質構成的物質，是引起羊搔癢症（Scrapie）、狂牛症（Mad cow disease）以及人類庫賈氏症（Creutzfeldt-Jakob disease）等疾病的病原。雖然不含以核酸爲基礎的遺傳物質，但在神經細胞內具正常結構形式的 prion 蛋白（PrPC）若被轉變成不正常形式的 PrPSC，從不正常的蛋白質數量有所增加之結果來看，於表象上就有類似複製的樣態。

但問題不只如此，還有「定義」的定義問題。雖然上面那四個項目的名稱看起來很具體，但是如果仔細推敲，還是不那麼具體。例如說「生長」，什麼叫「生長」？直覺上不難，「生長」就是有東西多出來，如果不是體積，就是質量，所以如果體積或質量變多，就可以說有「生長」的現象。乍聽之下合理，但仔細一想，若是這樣定義「生長」，那很多還可以走路吃飯的人現在都已經處於無生命狀態了。爲什麼呢？因爲若是把「生長」定義成質量或體積變多的話，一個正努力減肥的成年人，他的體積跟質量不僅沒有增加反而減少，那就不符合剛剛所說的定義，所以如果減肥成功了，就算沒有生命。這顯然跟事實不符，所以在下定義的時候，特別是一些概念上覺得好像理所當然、口語上講一講大家好像都能夠理解的定義，若是要拿到科學上當作判斷的基準時，就必須仔細思考適用範圍以及可操作的量測方式。

所以如果考慮到正在減肥的狀況，那要怎麼下定義？也許我們就要調整成所謂的「生長」，指的是個體的外表有持續性的改變。但是這樣子的定義還是可以被質疑說「我都沒有變啊！我去年這個身高、今年也是這個身高；去年這個體重、今年也是這個體重，而且今年的皮膚跟去年看起來好像差不多一樣好」；不過那或許是巨觀上一樣，但搞不好身高還是略減了 0.01 mm、皮膚還是比平常多皺了一條 0.01 mm 的淺溝，只是肉眼看不出來而已。所以這時候的問題不是「改變」這個詞語，而是量測工具的極限到哪裡？此外，在這樣的定義中還有個會引起爭議的狀態描述，「持續性」。認眞來說，「持續」應該是每分每秒鐘都不間斷，但是實務上不可能做到經年累月都實施這種不間斷的連續量測；不過若是每隔一天、每隔兩天、每隔一個星期甚或只是每隔一個月皆量測一次，如果個體的外表在每次量測時都有變化，那說是有持續性的改變，大家還是有可能接受的。

當然這樣的定義還有個問題是：只能是外表嗎？如果個體只有內在改變，像是心臟、胃、腸，這些內在器官的結構有些改變算不算？如果要規避這個質疑，那定義就不要寫說外表的改變，可以籠統些地說：「個體的結構只要某部分有變化，我們就稱他有生長的現象」。不過一旦這樣說了，那麼如何執行量測就又成了另一個頭痛的問題，因為我們現有的量測工具，即便是以侵入式的檢測作法，也無法對於身體內部的各個組織器官進行鉅細靡遺的量測。

不管是要用多準確的量測，或是量測的取樣頻率要怎麼設定，這些都是在定義之後必須要面對的執行問題。所以在生物學裡面，眞的要下一個好的定義，其實是很困難的。就像「繁殖」，「繁殖」的定義可能比「生長」更麻煩。貓啊狗啊生小貓小狗是繁殖，但小貓小狗跟貓父母狗父母一定會長得有些不一樣；大腸桿菌的分裂生殖，一分為二是繁殖，如果過程沒有突變，那基本上形成的兩隻細菌看起來是一樣的。雖然這兩種都是繁殖，沒有任何爭議，但若要談「繁殖」的定義，一般可能會說就是親代產生子代的過程，可是一隻細菌一分為二，哪一隻是親代？哪一隻是子代？基本上可以說沒辦法分別，因為兩隻都處於一樣的位階。就因為生物學的定義在實際上會有很多漏洞，所以在生物學裡面常常要忍受很多特例；如果特例太多，那乾脆就分門別類各自給個次定義來描述。就像「繁殖」，乾脆分成「有性生殖」跟「無性生殖」來討論，分別給它們定義。

不過即便那四個現象的定義都搞定了，還是有個更複雜的問題埋在裡面。因為代謝、繁殖、生長、感應這四項如果深入來看，實際上彼此之間並沒有那麼截然不同；如果以數學的術語來說，這四項並非獨立變數，兩兩變數之間存有些相依的關係。就像說「代謝」，如果個體是活的，一定會從外界攝取東西進來體內，然後把這些外來的東西分解轉化成為自己需要的組成分子，或是產生需要使用的能量；也會把原本自己體內的東西，轉化成為另一種體內的組成或用來獲得能量，甚至轉化成要移出體外的分泌物或廢棄物，好從過程中獲取新材料或能量。這些在體內跟物質轉化有關的化學反應過程，我們通稱為「代謝」。如果以這個代謝的定義為準，那「代謝」跟「生長」能夠完全分割獨立來看嗎？生長如果是外表構形有改變，那外表構形怎麼改變？一定得要有新的成分產生或是舊的成分被分解，基本上可以說是「代謝」導致了「生長」被看見，所以「代謝」算是「生長」的原因，甚至可以說，「生長」能夠完全被化約成各種「代謝」的現象。

既然能夠完全被化約，這樣是不是乾脆就把「生長」這一項拿掉好了？以剩下的三項，代謝、繁殖、感應，來定義生命就可以？但是，要定義一個「定義」，除了需要考慮定義的嚴謹之外，實際上還要考慮另一個現實因素，那就是前面段落所提到的「量測」；如果一個定義很難藉由量測所得的結果去確認，那它會是一個沒有實質價值的定義。

「代謝」在量測上比較困難，因為需要牽涉到物體內部的探勘；「生長」比較容易量測、也比較明確直接，因為生長通常是表觀所顯示的事件。所以保留「生長」，讓我們在理解與「生長」有關的代謝活動時，有個比較方便量測的整體指標。像是一張桌子擺在這邊十年，如果環境乾燥清潔所以桌子不發霉又沒有被蟲咬，塗漆塗得超好所以十年來桌面都沒有絲毫褪色，所以根據它的外表沒有改變，就可以直接判定這張桌子沒有「生長」，這樣就比檢查有沒有「代謝」方便得多了。也就是說，在理論上雖然可以用「代謝」來取代「生長」的定義，但是要用「代謝」完全取代「生長」，就得面對量測上的困難與不便。所以「定義」有時得隨著我們操作的方便性、隨著我們所能夠掌握的量測工具而調整它的化約層級，並不是每項定義都得化約到最根本的因素再去談。

順著這樣的方向思考，「感應」也是一樣。「感應」基本上是說生物體在接受外界的刺激後，於個體內部的生理狀態甚或是外部行爲可以產生特定的應對變化；從接收刺激到生理產生變化，以目前所知道的遞移傳送機制來說，整個過程其實也是一連串體內物質與能量轉化的代謝步驟。既然微觀來看都是代謝的過程，那「感應」是不是也就省略掉算了？反正用「代謝」就可以完整涵蓋。但如果硬要以「代謝」來取代「感應」的話，就得很複雜地表述整個「感應」的過程中，到底牽涉到哪些代謝反應；全都找得出來、量測得到，才能說可以用「代謝」來取代「感應」的角色，不過以科學現實來看，目前仍是辦不到的事情。這就是在對生命下定義的時候，除了基本屬性外，還需要考慮到想彰顯的特徵是什麼；而這個特徵，最好是個能夠被量測得到的特徵。

如果一根試管裡不斷地被加東西進去，裡面一直在進行各種化學反應，不斷地放熱、放出二氧化碳，那這根試管有代謝啊，但那些代謝的結果有出現生命的樣子嗎？這時候問題就變成是「分類」的問題，不只是在一個時間點所發生的反應之分類，還包括隨著時間演變的各種反應之歸類問題。「生長」、「繁殖」

跟「感應」這些描述功能的項目，雖然都是以「代謝」爲基礎，但因爲這些項目可以很明確地代表一堆代謝反應協同發生之後，個體應該要表現出的結果，而且這些結果可以被描述、也可以被量測，是以在實務上比起用「代謝」來統括全部的生命現象，顯得簡潔而且方便多了。

因爲這樣的簡潔與方便，在生物學研究中很常採用的化約式做法，就是以「功能」爲拆解的基礎。例如對於人這樣一個生物體，若要認識「生長」、「繁殖」跟「感應」這些上位的功能項目，就可以從這個生物體中執行各種功能的「系統（system）」拆解起，以神經、循環、消化、呼吸、生殖、內分泌等系統的協調運作，對生命現象進行討論；而對於「系統」的認識，就根據完成系統整體功能的各項分部需求，將「系統」化約成對各組成「器官（organ）」的探討；而在「器官」探討的過程中，又再根據完成器官整體功能的各項分部需求，將「器官」化約成對各組成「組織（tissue）」的探討，亦即皮膜組織（epithelial tissue）、結締組織（connective tissue）、肌肉組織（muscle tissue）、神經組織（nerve tissue）等四個基本項目的分工著手。這四種基本組織最後都可以再化約爲各種不同細胞的組合形式[22]；若再繼續化約下去，就會再拆解至胞器以及包含在其中的各種組成分子、離子的作用層次。

這種對生物體結構以「功能」爲主軸進行的化約工作，在實

22. 雖然從系統、器官、組織到細胞的這些看似以「功能」分類的化約方式，實際上還是以外形結構上的差異做爲主要的分類依據，但由於自然界中不管有生命或無生命的物體，皆普遍觀察到「結構」與「功能」之間有高度相依的關係，因此「解剖」（結構）上的分類，也是一種「生理」（功能）上的分類方式。

務上有如將生物體視爲一個「模組化（modulization）」的物件，然後對其進行各個功能性「模塊（block）」的拆解工作，每個「模塊」就代表一個具有可量測的參數作爲其功能指標的結構集合體。但要注意的是，生物學上的這種「模塊」，並不全然遷就解剖學上的分類層級，不全是一個在構形或組成上可以明顯區分的概念，而是隨著所探討的功能樣態去選取所需依附的眞實結構。而「模塊」所依附的眞實結構，可以是某個種類的生物、體內某個系統、系統中的某個器官，或是在組織、細胞甚至細緻到胞器的某部分結構；也可以是幾種生物、體內幾個系統、體內不同系統中的幾種器官、組織、細胞，甚至微觀到細胞內不同胞器中的不同酶系統之組合[23]。

因爲是以「功能」爲考量，所以某個模塊也可能同時對應到兩種以上的功能。例如在討論神經系統功能的時候，大腦裡面的「視丘（thalamus）」可以是「觸覺」感覺系統中的一個模塊，也可以是「痛覺」感覺系統中的一個模塊；雖然用的都是「視丘」這個名詞，但實際上這兩種「視丘」並不等價。在視丘的細部構

23. 例如我們在探討生態體系中食物鏈的關係時，生產者、消費者、和分解者三個類別可以是三種不同種的生物，一個類別是一個模塊，內含一種生物；但在討論食物網的時候，生產者、消費者、和分解者三個類別所代表的模塊中，其內就各含有多種不同的生物。又如在討論生殖的時候，卵巢可以是一個獨立的模塊，但在討論月經週期的時候，卵巢也可以跟腦下垂體組合成一個功能性模塊，甚至還可以把分泌幾種相關賀爾蒙的細胞獨立出來，當成另一種功能性的模塊。而在一顆細胞內，內質網（endoplasmic reticulum）是一個單獨的模塊，也可以跟核糖體（ribosome）、高基氏體（Golgi apparatus）在蛋白質製造中，共同視爲一個模塊。另外像是細胞質中執行糖解作用（glycolysis）的酶系統可視爲一個模塊，也可以跟粒線體（mitochondrion）內的檸檬酸循環（citric acid cycle）、電子傳遞鏈（electron transport chain）這兩個酶系統，共同視爲一個模塊。

造中，雖然可能有些神經元與這兩種感覺訊息的處理皆有關，但是當我們將「視丘」用來作爲處理觸覺訊息的模塊時，通常只需要關注它與觸覺處理相關的事項，不管是以圖示或是文字表達，均可無視在視丘中還有與其它功能相關的神經元存在；同樣的，若是將「視丘」視爲處理痛覺訊息的模塊時，就是以無視於視丘中還有與其它功能相關的結構存在之方式使用。當然，在理想上我們應該要把「視丘」內部的結構做更詳盡的拆解，不過由於我們對於生物體的結構仍有太多未解之處，所以常常「模塊」所對應到的實體，只是一個不精確的概括位置，僅供我們將所要了解的功能，能夠先行落實在一個實體結構中進行討論。就像已有的研究顯示，視丘內各神經元的空間分布，似乎沒有隨著其所能執行的功能不同而有結構形態上截然的區隔[24]；或許有，但靠目前已有的解析方法並無法有效區隔出。也因此在表達上，不管是觸覺或痛覺，都還是籠統的直接使用「視丘」這個名詞，來指稱與所探討的功能所對應之結構。

細胞膜是另一個無法在結構上可以明顯區分出界線的「模塊」樣態。就像在討論膜電位的時候，談論的重點都放在穿掛於細胞膜上的鈉與鉀的離子通道（ion channels）以及鈉鉀幫浦（sodium–potassium pump）上[25]，此時不管是文字敘述或是各種細胞膜的圖示中，細胞膜都彷彿只有這些離子通道與

24. 例如丘腦中對於痛覺處理的區域，迄今並沒有發現在解剖上有明確區隔開來的部位。詳見：Yen, Chen-Tung, and Pen-Li Lu. "Thalamus and pain." Acta Anaesthesiologica Taiwanica 51.2 (2013): 73-80.

25. 鈉鉀幫浦（sodium–potassium pump）是一種位於細胞膜上的酶，每水解一個 ATP，就會讓 2 個鉀離子進入細胞內，同時運出 3 個鈉離子到細胞外，其運作消耗掉的 ATP 在神經細胞內甚至可高達總量的 70%。

幫浦的存在，而這些有離子通道與幫浦分布其上的細胞膜便可視爲一個「模塊」（如圖三 A）。但若討論的是正腎上腺素（norepinephrine）所引起的細胞內訊息傳遞機制，那麼被圖示在細胞膜上的，就變成是 G 蛋白耦合受體（G-protein coupled receptors）、G 蛋白與相關的酶系統；而此時畫有 G 蛋白耦合受體、G 蛋白與相關酶系統的細胞膜及其附近的細胞質區域，就是另一個「模塊」（如圖三 B）。

雖然這些離子通道、鈉鉀幫浦、G 蛋白耦合受體都可能在同一片細胞膜上存在，但在這些討論之中，一個完整的細胞膜上面應該要有哪些種類與數量的受體、通道與酶分布其上並不是重點，因爲這種全面性的整合呈現對於討論生命的功能運作，並沒有帶來更多的方便，原因是在討論某一功能時，焦點仍然只會放在某些特殊的結構上。況且，若要對細胞膜的結構與功能做個較全面的解釋，只需要視狀況把某些不同的細胞膜模塊組合起來即可；而組合的過程，通常只需要單純地考量不同模塊所依附的處所，彼此能夠匹配或銜接即可[26]，數量上的關係也不是重點。

26. 這裡的「匹配」指的是同樣類別的處所，例如同樣都是位在細胞膜上的系統；而「銜接」則是兩個模塊的處所於空間上有鄰接互通或包納利用的可能，例如葡萄糖代謝時，位於細胞質中的糖解作用（glycolysis）所得之終產物丙酮酸（pyruvate），可以轉運至粒線體內供檸檬酸循環（citric acid cycle）使用，因此糖解作用與檸檬酸循環這兩個模塊，亦可銜接成爲一個新模塊。

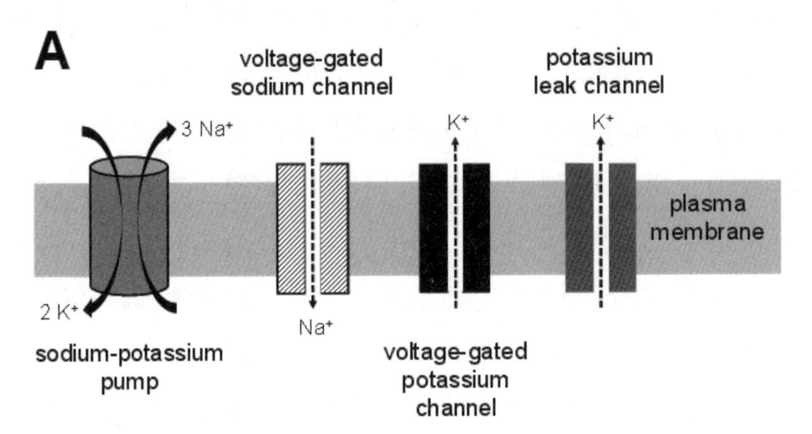

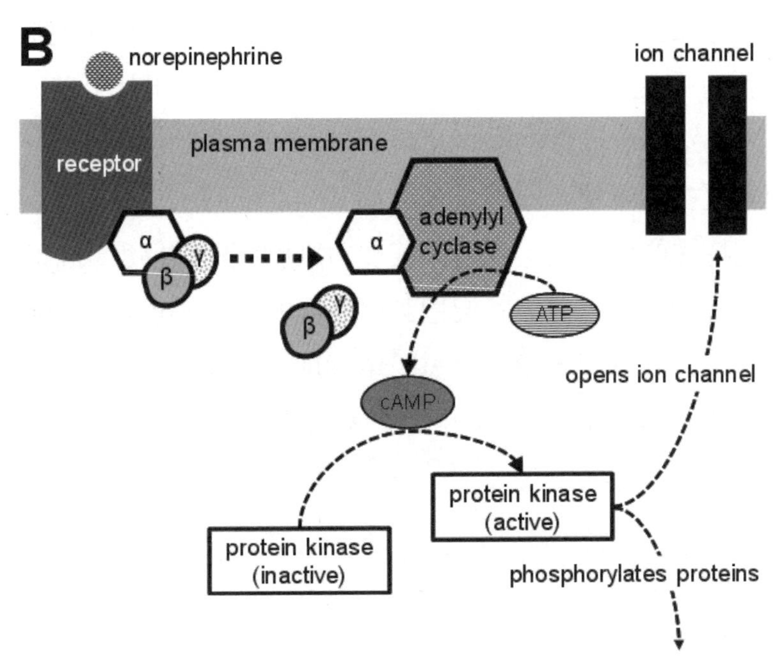

圖三、以細胞膜為依附處所的模塊二例。通常在模塊的圖示中，組成物的相對位置與距離並不要求依照實際比例（事實上，目前也無法得知真實比例為何），基本上只要把座落處的特徵表達出來即可；同樣的，個別組成的尺寸與形狀輪廓也沒有要求得精確呈現，圖形的樣貌通常只是用來示意其功能屬性或是成員間之作用關係而已，必要時則輔以箭頭指向來說明發生的流程或物質的遷移。（A）與膜電位變化相關的離子通道以及

幫浦；（B）正腎上腺素所引起的細胞內訊息傳遞機制，其中α、β、γ代表構成 G 蛋白的三個次單位蛋白。

「模塊」在本質上是以表現「功能」爲目的而對生物體結構所作的切割選取，其所在意的是這個功能所需要依附的結構爲何，是以「模塊」所對應的構造，會因爲對「功能」的內涵所討論的細緻程度不同而有所浮動。若是研究生態這種層次的課題，「模塊」可以小從個體層次談起，也可以大到是一個族群；如果是談個體生理運作的問題，從系統、器官到組織、細胞，則都可以是「模塊」依附的結構層級，若要更深入的話，亦可細緻到胞器，甚至深入解析到胞器的內部組成。就像粒線體可以是一個模塊，但位於粒線體內膜上的電子傳遞鏈[27]也可以是個單獨的模塊。正因爲「模塊」的目的是用來說明「功能」如何藉此場所而發生，是以盡可能讓「功能」中所關聯到的每一個反應，都可以依附到適當的結構以說明其發生的必然性，這是在討論「模塊」時的重點。

在這種可浮動調整對應結構的概念下，各種跟數字有關的量化說明，自然就不是「模塊」需要關注的重點，畢竟我們無法討

27. 粒線體（mitochondrion）有兩層也是以磷脂質所構成的膜狀結構，一個是最外層的外膜，另一個是在裡面的內膜；在兩層膜之間的空隙稱爲粒線體膜間腔（intermembrane space of mitochondria）、而內膜所包裹的區域則爲粒線體基質（mitochondrial matrix）。在粒線體內膜上有多個蛋白質複合體組成電子傳遞鏈（electron transport chain），這些複合體可以接收來自 NADH 或 $FADH_2$ 所釋放的電子，並藉由電子在這些複合體中傳遞的過程中所釋放的能量將氫離子從基質傳送到膜間腔，最後電子被氧接受，並與氫離子結合產生水。在電子傳遞的過程中，形成了內膜兩邊氫離子的濃度差；在膜間腔內較高濃度的氫離子，會再透過 ATP 合成酶回到了基質，並同時帶動合成酶產出 ATP。

論難以定量的東西之數量關係：一是因為模塊可能變換其相關的結構範圍，是以模塊內各個組成的種類與數目也會跟著浮動；二是不管哪種規模的模塊，其依附的結構都是屬於非封閉系統的實體區域，其組成物仍與模塊之外的區域有所交流，並非純然只在此模塊區域範圍內的生滅事件；三是各模塊所依附的實體區域內，可能隱含有其它功能模塊所依附的結構，在同一個實體區域內分屬兩個不同模塊的諸結構，彼此之間也可能會有交互作用，但並不會在探討單一模塊時觸及到。因為以上三個因素，所以即便在模塊內的討論有時也會牽涉到數量的敘述，那通常也只是針對模塊內某一特定反應的細節描述，而非模塊內諸組成於實際互動時的數量關係之說明。

而且在模塊的概念之下，「反應時間」也是一個非必要的概念，因為「模塊」的使用，已隱含了一個沒有言明、像是默契那樣的基本假設：「如果結構是這樣，那麼反應就一定能夠及時發生」。而這種「結構決定反應」的默契之基礎在於，生物體若能生存下來，就代表著其外部環境與個體的內部環境均適合其生存，因此像是溫度、滲透壓、溶液中各種離子與分子的濃度等項目，在一個存活的個體中應該已經都滿足了讓各式代謝反應進行的條件，所以個體才能活下來。因此模塊的應用，就是在這些已經充分滿足的條件之下，讓研究者據以「敘述」代謝反應如何有序地發生，促成我們所看到的生命現象；也就是說，「模塊」主要的意義在於：若是在這樣的組成與構形條件之下，於適合的生存環境中，就能保證模塊內所對應的功能一定會及時發生；而生物學家的任務，就是說明模塊內的組成與構形條件。

理由是：雖然現代生物學研究的課題已深入到這些「生

長」、「繁殖」與「感應」相關的代謝機制、談論的內容已微觀到分子層級，但對生物學來說，這些貌似在試管內發生的化學反應，如果真要連繫到直覺可感的生命現象，在化學反應式中箭頭兩端的反應物與產物們的流轉，還是得要被「理解」成實體中組成一角的結構變化事件；即便對於結構的掌握沒那麼精準，仍然得權宜式地忽略某些細節，只求將反應的相關物件落實到想像的結構中[28]。這樣的「理解」並不是全然只為了表達上的方便，或是對實體結構一廂情願地主觀依賴，而是，既然「生長」、「繁殖」跟「感應」都是以各種化學反應所組合串接起來的現象，那麼這些組合串接過程中的各個化學反應，就不會是散亂無序的隨機事件；但是，如何讓本質上無次序的諸化學反應組合出有次序的串接過程？最直接有效的方式，就是以空間的巧妙安排來導引隨機事件成為不那麼隨機的事件。

最明顯的例子，就是細胞內將相關的化學反應所需要的酶群以磷脂膜圈豢在名為胞器的小空間裡面，如溶酶體（lysosome）；或是以穿掛、浮掛在胞器膜（或細胞膜）上的相鄰位置來聚攏，如粒線體內膜上的電子傳遞鏈；也可能是酶群被交錯的細胞骨骼侷限在小範圍的區間中，甚至可能是吊掛在同一根或相鄰的細胞骨骼（cytoskeleton）上[29]。以這些聚集收攏，甚或如生產線般的序列機具配置，讓前一個反應的產物，即便是在隨機碰撞的擴散

---

28. 這裡所謂的「權宜式」，就像我們在第零章中的圖二所顯示的，即便我們對於感光細胞層與神經細胞層內的細部結構（包含細胞數量、分布與連結）無法鉅細靡遺的了解，但是如圖二這樣原則式的座落框架，仍然可以提供了解功能的關鍵資訊。

29. 如在這篇文章中關於突觸物質供應的系統圖示，Aiken, Jayne, and Erika LF Holzbaur. "Cytoskeletal regulation guides neuronal trafficking to effectively supply the synapse." Current Biology 31.10 (2021): R633-R650.

過程中，也能夠因爲在高度限縮或非常鄰近的活動空間裡，僅需極短的隨機擴散時間就可以與新的酶相遇碰撞，接續成爲下一個反應的反應物。就這樣，以環環相扣的產物與反應物之遞轉，搭配反應處所的空間安排，使得原本隨機的各個化學反應因此變得有序起來了。

正因爲在本質上應該是隨機事件的化學反應群，卻可以在生物體結構的細緻分隔架列下產生次序，所以在生物學的研究中，需要被揭露的結構，除了可以導引代謝反應次序發生的空間架構外，還有在這些空間架構中的成員——包括那些作爲酶、受體的巨分子，以及像是環腺苷單磷酸、鈣離子這類小分子或離子的組成與構形——如何在這樣的架構中存在並互動，也都在需要被了解的範圍內[30]。也就是說，這些都是屬於「模塊」的一部分，都是用來說明這個模塊如何可做爲一個在功能上自洽的單位。所以從導引反應次序這個角度來看，我們對於「模塊」結構的了解，至少在與功能相關的各種組成分子的構形上，若是能夠掌握越多細節，就越能夠以結構圖像的串接來代表生命現象的有序運作，而不用在意生命運作的本質原是無法掌握的隨機事件。

是以生物學的新進展，通常就表現在對目標物的構形或是組成的變化有了更細緻的了解，或是發現了更多與之關聯的其它結構之存在；而生物學中所謂的「解釋」是否成功，則端賴其是否能夠將所觀察到的現象對應嵌附到已知的結構上。亦即，生物體

30. G蛋白耦合受體是個典型的例子。這類受體由單一多胜鏈組成，在其結構中都有七個可穿越細胞膜的避水性 α 螺旋鏈之柱狀組成，所以被稱爲七穿膜（7 tansmembrane）受體。此類受體位在細胞膜外側之穿膜螺旋鏈和配體結合有關，而在細胞膜內側第五及第六穿膜螺旋鏈之間的胜肽鏈則和G蛋白作用有關。也因爲對此受體結構的了解，才能說明其如何能穩定存在於細胞膜上並且與G蛋白互動。

的眞實「結構」變成解釋與演繹的關鍵，顯示有序的世界是如何從隨機的過程中組織起來的；即便在生物學裡常常會提到「作用力」、「能量」這類抽象的運作方式，特別是在討論各種動態過程的時候，「作用力」與「能量」常常是用來串場最適當的輔助說明，但是儘管如此，最後呈現在研究者心中具有解釋意義的畫面，其實還是在這些抽象運作中所對應的實體結構[31]。因爲那些即便用任何儀器都不可能「看到」的作用力或能量，必須得透過它們發生位置的構形與組成樣態，來確認「作用力」或「能量」的物理過程是否可以在此發揮作用；亦即，只有經由發生位置所出現的實體構形或組成的改變，才能彰顯「作用力」或「能量」這些看不見的東西之存在與鑿斧的效果。換句話說，生物學不關注「力」或「能」怎麼作用，而是關注哪些結構可以讓「力」或「能」發揮作用；生物學也不關注「力」或「能」作用時的大小，而是關注在「力」或「能」的作用後，結構發生了哪些改變。

正是這樣以「模塊」爲單位的生物學研究，才有辦法在複雜的生物體內甚或是生態系中釐清楚特定結構與特定功能之間的關係；因爲焦點只鎖定在「模塊」，對於「模塊」以外的結構可以

---

31. 例如肌肉細胞在收縮的過程中，收縮張力產生的主要機制爲肌凝蛋白（myosin）的頭端和肌動蛋白（actin）形成橫橋（cross bridge），藉由此過程中肌凝蛋白頭端的形變產生之作用力，導致細肌絲（thin filament）沿著平行粗肌絲（thick filament）的方向滑動，造成肌節（sarcomere）的縮短。其中橫橋的作用需要 ATP 的水解所提供的能量，轉換成肌凝蛋白頭端形變所產生拉動機動蛋白的作用力；但生物學家在論述時，通常只聚焦在肌旋蛋白複合體（troponin complex）、原肌球蛋白（tropomyosin）及肌動蛋白之間的結構關係，以及當鈣離子濃度升高時，鈣離子如何附著於肌旋蛋白上，以造成原肌球蛋白的移動，而露出肌動蛋白可以和肌凝蛋白結合的位置。而此時 ATP 的角色，通常只是圖示在肌凝蛋白頭端的一個附加結構物而已。

盡量割棄，若無法割棄者，盡量將其條件控制在平穩的狀態，並將其對模塊內活動的影響視爲背景雜訊。也就是說，「模塊」是一個假想的孤立系統（isolated system），在功能發生的那個狀態之下，可以先將模塊當作是不與外界交換能量或內容物質的獨立處所，完全就其當下所擁有的構形與組成進行討論即可；亦即藉由對「模塊」實體結構的簡化式認知，只關注在某些關鍵的主軸事件，減少次級或再次級的回饋反應干擾，也暫時讓這些主軸事件中的化學反應專一的對應模塊內的功能，避免過於龐蔓失焦的討論。也因爲這樣的簡化，一個從結構比較簡單的生物體內所得到對應於某項功能的「模塊」，可以視爲此功能模塊的「原型（prototype）」，意即所有生物體都可以使用的原始功能樣態；即便將來發現這個「模塊」不完全適用於某種生物體，通常還是可以用這個原型模塊爲基礎，再針對其內的組成或構形的差異進行調整來因應[32]。

如果從「模塊」是以實體結構爲基礎的概念加以延伸，可以說若是今天所要探討的生物學課題，其研究標的並無法被適當地化約成實體結構上的問題，那麼這個問題的研究進展一定會受到極大的阻礙，因爲就無法藉由「模塊」來簡化問題的複雜度，並導引無序變有序。例如「痛覺（pain）」的研究，就是一個代表性的例子。

「痛覺」是一個很主觀的概念，同樣的傷害程度，在不同人身上會有不同程度的痛苦感受；即便是同一個人、同樣的傷害程度，昨天與今天也會有不同程度的痛苦感受。所以我們對於「痛

---

32. 就如心肌細胞的動作電位，雖然在電位波形上與神經的動作電位相去甚遠，但只要在心肌細胞的動作電位模塊上再多加上鈣離子通道，就可以讓心肌細胞的模塊表現獲得解釋。

覺」的研究，直至今日，實際上有絕大部分研究的並不是眞正的「痛覺」，而是「傷害覺（nociception）」；因爲「傷害覺」比較容易在實體結構上找到明確關聯的對應。例如，以能夠在皮膚上產生攝氏五十度高溫的雷射熱刺激去燙老鼠的尾巴，老鼠就會有甩尾的現象產生，這個甩尾的動作是老鼠爲了躲避傷害性熱刺激所產生的反射行爲，因此我們可以從老鼠甩尾的幅度大小（實體結構的位移程度）去定義其所受的「傷害覺」；但是我們無法問老鼠痛不痛，老鼠即便說了我們也聽不懂，所以我們也就無法研究老鼠的痛覺。

即便實驗對象是人，人可以說出自己痛不痛，但人的痛覺依舊很難研究：因爲，「到底有多痛」，就是一個基本的定量障礙。是以現在的臨床實務，痛覺程度的決定都是仰賴一些痛覺量表（pain rating scale）之類的簡易量化工具讓病人回答，以作爲臨床診斷的參考。也因此，在研究實務上，目前的生理、病理學家們還是想極盡可能地去探索大腦，不管是從整體腦區的探測這樣的巨觀層次下手，或是透過神經傳遞物質這樣的分子層次之研究，都希望能夠找到用來代表「痛覺」的實體結構以及其在痛覺產生過程中的變化形式。

由於現今生物學界的認知是，生物體運作的基本原理跟無生命物質所適用的自然律都一樣，所以確知被研究的功能所對應之實體結構爲何，對於開展該功能的研究是極其重要的，因爲這樣才知道那些用來解釋的自然律應該要從什麼地方談起。從這個觀點延伸，也可以了解生物學所需要的物理、化學、數學等外部學科的支援事項，主要不是用在架構生物學的理論上，而是放在探索生物體組成與構形等結構細節的過程中，所需要的材料與儀器設備之發展，以及各種標本的處理方法。因爲說明生物體怎麼運作的基本原理其實早已具備，那是物理、化學、數學等傳統學門早就說明了的自然規律（若是連這些學門也說不清楚的運作原理，生物學也一定說不清楚），而生物學家眞正的工作，就在發現並描述能夠讓這些早已知道的基本原理發揮作用的場所；當生物學家能夠指出對應某項功能的生物體結構是如何的精巧搭配，那麼，我們就可以說生物學家已經解決了這項功能相關的生物學課題了。

第二章　生物學研究的工具──看得到「眞相」嗎？

生物學所在意的「結構」分爲兩類，一類是組成模塊的成分在模塊內的分布狀況，還有在不同生理、病理條件下，這些成分分布狀況的變化；另一類則是模塊內各組成成分的立體構形，以及這些構形在不同生理、病理條件下的變化形式。這兩類實體結構的樣態與變化既然是生物學研究的焦點課題，因此生物學研究工具的發展，基本上也是以解析實體結構的樣態與變化爲主。然而人類的眼睛不管是在空間或時間上的解析能力都有限，因此對於研究工具的需求，首要就是能夠放大結構影像的顯微設備；從光學顯微鏡、電子顯微鏡到共軛焦顯微鏡（confocal microscope），這些顯微工具的發展，讓人類的眼界從巨觀推向微觀；若再搭配高解析度的攝影設備，更把結構的觀察方式從靜態推向動態，徹底改變了人類對於生物體結構及其變化的認知，促成了生物學巨大的進步。

然而爲了遷就這些顯微設備在機構與功能上的限制，光是標本的製備上就有許多不同的處理要求。傳統的光學顯微鏡，爲了達到最佳的解析效果，通常需要對所觀察的標本進行各種加工，採用許多不同的固定、切片、染色技術。但也因爲需要固定、切片、染色，這些在顯微鏡底下被觀察到的生物結構，或多或少都失去了它們原來活生生的樣子。「固定」需要在欲觀察的生物體死亡的狀態下才能進行，也因此利用固定處理後的材料所完成的觀察，只是生命過程中某個被凍結瞬間的死亡樣態。現在的「切片」技術雖然有些已經可以保持標本仍處於存活的狀態，但是爲了透光需求而需要盡量地薄切，致使在切片中存活的細胞會失去大部分與其它細胞的連結關係，包括直接的接壤與間接的協調關係均會受到破壞。而「染色」的基本原理是讓可以呈色的分子連接到某些生物結構的分子上，藉以讓這些原本呈現透明狀態的組成能夠被看見；例如蛋白質因爲親水性的外部構形帶有電荷或極性的官能基，容易與染劑分子結合，而細胞膜通常是蛋白質分布密度較高的區域，是以透過染劑分子被蛋白質吸附後的染色現象，就可以看出極薄的細胞膜之大致位置所在。

正因爲染色的基本原理是染劑分子與既有的結構組成分子（或離子）之結合，是以染劑分子一定會影響被染色之分子（或離子）的活性。不過染色的程序大都是用來處理已死的標本，因此只要能夠順利的在該染色的地方呈色，被染色的分子活性出現問題，其實並無關緊要。但是倘若被染色後的標本仍處於「活」的狀態，染色之後的那個「活」的樣子，就一定會與被染色之前的樣子有相當的差異。例如一個蛋白質若是因爲其結構外部的某個帶負電基團才能與帶正電的染劑分子結合，那麼這個結合就意謂著蛋白質與染劑分子之間至少會有正、負電荷相吸的作用力存在，是以蛋白質不僅會因爲附加了染劑分子的質量而影響其運動的性質，還可能因爲正、負電的局部吸引作用，影響了蛋白質原本的三級結構，進而影響其功能；除非染色的目的僅僅只是標示細胞的所在或種類而沒有牽涉到任何功能的測定，不然染劑分子的添加，就會影響到細胞內某些功能的進行。

雖然顯微鏡是直接觀測的工具，但是囿於量測原理的自然限制，對於原子、分子層級的組成狀態、位於個體內部深層的組織器官，以及運動位移超過景深的個體都很難適用（雖然後面這兩者還是可以用侵入式[33]與硬固定的架設方式[34]取像，不過在實驗設計的自由度上就會受到很大的侷限），也因此間接的觀測方法常被引入到這些不易直接觀測到的對象之解析工作上。由於這些間接觀測的指標所依據的不是直接的影像，所量測到的數據還必須在一些假設前提下進行成像轉換的計算，因此影響準確度的因子就更多了。而且雖然所使用的間接觀測方式並沒有直接跟實際「發揮功能」的分子（或離子）結合，但是透過間接的作用，還是可能對觀測對象的生理調控產生影響。

利用螢光染劑與細胞質內的鈣離子結合，進而推測細胞質內游離的鈣離子濃度，就是一個以間接「染色」的方式，達到觀測目的的例子。鈣離子是細胞內重要的第二訊息傳遞粒子，如何偵測細胞內鈣離子濃度的變化，一直是理解細胞生理調控的重要課題。單一顆細胞內鈣離子濃度的測定一般是以螢光染劑分子滲進細胞內（近年來也發展出以基因轉殖的方法，在細胞內大量表現可以跟鈣離子結合的螢光蛋白），藉由它和鈣離子結合後所增強的螢光來推測細胞內游離的鈣離子濃度。在這個方法中，游離的鈣離子濃度（亦即沒有跟螢光染劑結合的鈣離子）是量測的標的，但螢光的出現卻是跟鈣離子結合後的染劑分子發出的，所以游離的鈣離子濃度，是經由鈣離子與螢光染劑結合的這個可逆反應達到化學平衡後，再由這個可逆反應的平衡常數（equilibrium constant）推算出來的。

---

33. 例如以共軛焦雷射顯微內視鏡（confocal laser endomicroscopy）使用於消化道內疾病的影像診斷。

34. 例如將老鼠的頭部以立體定位儀固定住，搭配氣流懸浮、可輕易自由全向轉動的球體供其站立，並輔以與真實環境相似的虛擬實境系統，動物就可以在清醒且軀幹四肢能活動的狀態下，穩定地進行大腦皮層的顯微量測。

除了如何確認該染劑結合反應是否已經確實達到平衡的問題外，這個量測方法最大的問題來自於，細胞內多了許多可以跟鈣離子結合的染劑分子，這些染劑分子不僅占據了細胞內的部分空間，也會和細胞內其它可以跟鈣離子結合的蛋白質競爭與鈣離子的結合；那麼細胞內可以跟鈣離子結合的分子變多了，勢必會影響細胞內原本對游離的鈣離子濃度之調節狀況。況且我們無法保證染劑分子能夠均勻分布在細胞內，也無法保證染劑不會跟細胞內其它分子結合進而影響細胞的正常反應，是以這種方法所量測到的細胞內之鈣離子濃度，很難說是細胞內鈣離子濃度之正常樣態。

不過鈣離子的螢光呈色法雖然間接，但至少還可以推測出想要量測的標的物之濃度。然而至目前爲止，並不是所有原子、分子層級的組成物都可以找到高度專一性的量測方法，也因此，有些更間接的綜合性指標在實務上也常被使用，例如，「動作電位」。

以神經細胞的動作電位爲例。一般在談到動作電位的時候，很自然的就以細胞膜兩側的電位差變化來理解；而「電位差」是個「場（field）」的概念，不一定要跟實物聯想在一起，所以很容易與細胞膜及其周邊的實體組成脫鉤，進入如在導線上的電流那樣虛無的想像。然而動作電位純然是由帶電荷的離子（主要是鈉離子與鉀離子）貫穿細胞膜的流動所引發的，電流實際發生的區段，僅只於橫越細胞膜短短的距離，以及在緊鄰橫越位置的細胞膜兩側之週邊區域而已，並不是有股電流連續地沿著軸突傳遞。這些離子之所以能夠進行這種跨膜的流動，是跟細胞膜上各種離子通道的開關事件緊密關聯在一起的，因此若要對神經纖維上的訊息傳導進行詳盡的描述，牽涉到的結構會是在尺寸上遠小於現在任何顯微設備所能夠看到的鈉離子與鉀離子，以及細胞膜上相關的通道蛋白分子。

不過因爲鈉與鉀都是帶有電荷的離子，細胞膜的兩側又是有實體結構阻絕的兩個分開區域，所以這些離子在遷徙過程中所造成的膜兩側之電學參數變化，是可以用電子儀器量測到的。例如這些帶電粒子跨膜的遷徙會造成細胞膜兩側電位差的變化，而膜兩側電位差的量測只需要使用尖端細緻到十微米等級的導電探針，就可以刺入細胞內取得（甚至只需要在細胞外靠近細胞膜就好，不需要刺穿它，亦可以得到與膜電位變化相關的訊號）。就因爲神經細胞膜的電訊號量測方便，加上其數值的變化，與離子的流動量以及離子通道的開閉性質有高度的關聯性，因此可以用膜電位變化來代表軸突訊號傳遞時，膜兩側的離子組成與離子通道構形變化的統合特徵值。是以這時候的動作電位就不光只是個在示波器上起伏光點所連綴出來的波形，也不只是個電場中能量變化的概念，而是代表電極所在之處附近的細胞膜兩側，不同離子經由特殊管道流進流出細胞時的淨變化過程；亦即，動作電位可以說是神經細胞膜的訊息傳遞「模塊」之整體功能的參數。

是以動作電位在表面上雖然是個動態的過程，但在理解上，這個動態過程通常只被化約成幾幅具代表性的畫面，常常只是停駐在某些關鍵通道開啓或關閉的時間點。而這些取樣式的呈現法，並不影響我們對於動作電位內涵的整體了解，因爲那個示波器上的連續波形並不是我們對動作電位探討的重點，動作電位這個代表功能的參數所倚靠的「模塊」，其內部究竟是由何組成、如何變化，才是我們對「模塊」最感興趣的地方。而動作電位在示波器上的波形，只是讓我們用來評估那些無法看到的離子與通道蛋白，於推測其變化的過程中是否與「模塊」的功能表現契合，以替代那些無法用現有儀器實際觀測到的離子在特定管道中移動的圖像。

不過在活體動物大腦內進行動作電位的記錄時，侵入式的操作是避免不了的程序。除了一般性的開腦手術造成的皮膚、肌肉、頭骨、腦膜的傷口，會引起疼痛感以致於影響腦部對其它訊息的處理外，在電極[35]刺入腦組織到達標的區域之前，沿途所破壞的神經、血管與結締組織，也可能妨礙腦部某些功能的完整執行；而電極留置在腦組織內的部位，於其周圍所引發的免疫反應，也可能對標的區域的神經細胞產生傷害性的影響，干擾其正常的反應樣態。也就是說，不管是對動物個體層級的整體生理樣態，或是只對記錄標的組織的局部生理樣態而言，侵入式的動作電位記錄法所探測到的，都是類似「病理」樣態的資訊，而不是正常「生理」樣態的資訊。包括前述以螢光染劑分子進入細胞內部的記錄法也算是侵入式的操作，這些侵入式的操作都會迫使受測對象的正常結構遭到不同程度的破壞或干擾，而無法展現生命現象眞正的原貌。是以非侵入式的工具發展，不僅對生物學的研究來說是重要的，對於醫療檢驗而言實用價值更高。例如功能性磁振造影（functional Magnetic Resonance Imaging, fMRI），就是適用於動物大腦的非侵入式探測方法。

---

35. 神經細胞的膜電位可以用微電極量測出。所謂的「電極（electrode）」，其實只是一根尖端裸露而其餘部分有絕緣的導線；「微電極（microelectrode）」，就是指直徑很小的電極。由於我們所記錄的對象爲直徑僅50到100微米左右的細胞，因此電極的直徑需盡量纖細，以求能盡量靠近細胞甚至插入細胞內記錄。

fMRI 是個相當間接的神經活性量測工具。非侵入式是它最大的優點，可以即時對腦部運作的活性資訊大範圍取樣是它的第二優點；但它最大的缺點是，所偵測到的訊號並不是最能直接代表神經元活性的動作電位放電頻率，而是供應神經元的血流中之「血氧濃度相依對比訊號（blood-oxygen-level-dependent signal, BOLD signal）」。這個方法的立論基礎在於大腦中的神經元群在處理訊息的過程中，需要消耗相當多的能量，因此這些活躍腦區中的神經元群對於氧氣與燃料分子（通常是葡萄糖）的需求量也會比其它不活躍的腦區來得高，而此時循環系統便會以增加那些活躍腦區的局部血流量來因應神經組織對營養的臨時需求。是以在活躍腦區中的攜氧血紅素之數量會隨著血流量的增加而增加，也因此該腦區的抗磁（diamagnetism）、順磁（paramagnetism）的性質表現就會異於其它不活躍的腦區[36]，而此差異可以在磁振造影中顯示出來，並據此間接推測出哪些腦區正處於活躍的狀態。

正因爲是間接，而且是跟血流中的血氧濃度有關，所以 BOLD 訊號的出現與眞實神經元興奮的時間便存有相當的延誤差距，這些差距主要來自於神經元因營養需求所發出的旁分泌（paracrine）[37] 訊息輾轉傳遞到周邊血管之耗時，加上周邊血管收到訊號後調整血管管徑的反應時間差。所以 fMRI 並不是一個可以用來研究腦區內的神經元群「如何」發揮功能的工具，因爲其訊號在本質上就不可能與標的區域的神經元群之放電頻率同

---

36. 血紅素（hemoglobin）帶有氧氣分子時爲抗磁性，而沒有攜帶氧氣分子的血紅素爲順磁性。

37. 旁分泌（paracrine）是指細胞的分泌物沒有從微血管進入血液，而是經由擴散作用直接作用於鄰近的細胞。

步；它可說是「解剖」的工具，只能用來定位哪些腦區跟處理什麼事件可能有關，但究竟是什麼形式的「有關」，這個工具所量測到的訊號本質，並無法提供進一步在生理機制上的資訊。也就是說，fMRI 僅僅提供了哪些腦區可能是某項功能所對應的候選模塊，但是對於確認這些候選模塊是否真的能夠連結到功能的表現，已不是這個間接的量測工具所能處理的課題了。

而在現今 fMRI 的使用實務上，還有一個因爲儀器設計所造成的研究限制。囿於 fMRI 在磁場生成與訊號偵測上的硬體需求，目前 fMRI 的受測者都必須要盡可能地保持靜止不動的狀態；特別是頭部的穩定不動，是能否取得高品質訊號的關鍵。也因爲這樣的受測姿勢要求，在實驗設計上的自由度就受到極大的限制，而且受測者腦中的感覺及反應模式，也會因爲人身活動被嚴格限制而受到影響。

從切片染色到 fMRI，不管是上述哪種直接或間接的量測方法，於這些方法使用的過程中，類似物理學的「測不準原理（uncertainty principle）」[38] 所揭櫫的量測困境，在生物學裡特別明顯：那就是觀測者所使用的觀測工具，在觀測的過程中也會成爲被觀測現象一個不可分割的部分，使得我們無法觀察到一個絕對獨立存在、不受觀測工具干擾的現象；亦即，我們無法保證所觀測到的現象即便在觀測工具不存在時也會是那樣，就像前面所提到的電極埋設過程之傷害或 fMRI 對受測者的活動限制。甚至

38. 測不準原理（uncertainty principle）爲海森堡（Werner Heisenberg）在 1927 年提出，原爲論述一個運動中的粒子，其位置（position, x）與動量（momentum, p）不可能同時確定，兩者的不確定性乘積 $\sigma_x \cdot \sigma_p \geqq h/4\pi$（h 爲普朗克常數）；其誤差的癥結就在於用來量測粒子運動的工具，無法在精確量測一個參數的同時，對另一個參數的現狀毫無影響。

我們可以這樣說，對生物學研究而言，沒有任何實驗方法不會對實驗對象造成影響，即便只是單純地以望遠鏡瞭望式的觀察動物行爲，若要持續的尾隨追蹤，也都可能因爲人與機器的氣味、聲音或形影被受觀察對象感測到而影響其行爲，更遑論其它在操作過程中會實際碰觸到實驗對象的研究方法。

除了測不準原理式的干擾影響「眞相」的眞相外，大部分的生物學研究成果，還可能有「再現性（reproducibility）」不足的問題。要先說明的是，這裡所說的「再現性」不足，並不是因爲研究者造假舞弊，而是即便研究者非常謹愼細心誠實，但因爲實驗操作、研究材料、儀器與方法的一些本質上的問題，還是會讓研究結果的再現性受到大小不等的影響。

首先，是研究過程中，實驗操作的「手法」問題。對於許多生物學研究的實驗操作者來說，進行研究的實驗操作過程，特別是那些需要以人工手動處理的部分，有時以「藝術」來形容可能會比使用「技術」來得恰當。因爲「技術」講究的是只要執行了既定的流程，就可以確保所操作的項目都可以重複地產生一樣的結果；而對「藝術」來說，即便進行同樣的程序，但因爲每個步驟都充滿了不可掌握的變異，無法一成不變地操作，需要隨機應變調整，以求所產生的結果雖然有些小異但還可以說是大同。也就是說，對於執行實驗操作的人而言，每一次的操作，都可以說是一次新的創作，因爲即便是兩次相同流程的實驗操作，在許多細節的取捨上也絕對無法一致。

例如，以活體老鼠腦內神經元的動作電位記錄來說，在過程中需要劃開老鼠頭蓋骨上的皮肉、鑽穿頭蓋骨、撥開腦膜，再將電極插入大腦內。在這樣例行的手術過程中，究竟會破壞多少血管、多少皮膜、肌肉與結締組織、多少神經細胞、神經膠細胞，以及引發多強的免疫反應，沒有任何實驗操作者能夠保證在兩次手術中完全一致。一方面是因爲生物體的個體差異，即便是同卵雙生，也會因爲後天環境的差異致使個體成長後的身體細部結構有些不同。另一方面則是這些由細胞及其分泌物所構成的軟組織，在實驗工具切割、穿刺、推擠、夾抓的過程中，操作者並無法精準控制這些物理性的手術動作所影響的部位；即便以雷射這種非接觸式的燒蝕切割，創口因爲高熱所造成的組織傷害範圍也無法每次都完全一樣。是以雖然在統計上，我們可以說受影響的部位大都侷限在哪個範圍、哪種程度之內，但就像量子力學對於電子所活動的軌域之說法那樣[39]，僅僅止於機率大小而已。

當然，活體動物的構造複雜，所以手術過程難以一致這很容易理解，但即便實驗對象已簡單如離體在培養皿內的細胞實驗，也一樣難以一致。就算是來自於同一品系的細胞株，皿中每個細胞在繼代培養的過程中，受到因培養液吸沖所造成之物理性撞擊，與經胰蛋白酶（trypsin）處理後之化學性傷害的程度仍會不同[40]，是以雖然浸潤在同樣成分的培養液中，處在同樣的培養箱

---

39. 軌域（orbital）是指在波函數的界定下，電子在原子核外的空間現蹤機率較大的區域。由於電子和光子的能量相當，若要以光子觀察電子，電子的軌跡一定會因光子的撞擊而改變。因此就如測不準原理所顯示的，我們無法量測到原子核外電子精確的運動軌跡，只能在量子化的假設下，以數學函數推算電子活動範圍的分布狀況。

40. 許多細胞株在細胞培養時，其細胞體必須貼附在培養皿底壁才能正常生長。所以當其繁殖至佈滿培養皿底壁的高密度狀態時，必須將皿中的細胞取出分殖至新的培養皿，以確保每個細胞均能夠獲得足夠的養分及氧氣供應。而在分殖的過程中，胰蛋白酶可分解細胞用來貼附底壁之附著蛋白，使貼附的細胞自底壁脫落。但因爲胰蛋白酶也會分解細胞膜上其它蛋白質露在胞外的成分，因此隨著胰蛋白酶作用的時間不同，也可能對細胞造成大小不一的傷害。

內之環境條件，皿中每個細胞仍然會有潛在的差異；這從每一皿培養的細胞中，總會發現有幾顆已凋亡或形狀有異的細胞可以看出。而在後續的各種檢測過程裡，絕大部分的程序仍然需要經過人工的操作，因爲是人工，所以就算再怎麼嚴格訓練操作手法，也會有屬於操作者的人爲因素所產生的差異；即便是同一個操作者，在不同批次的操作中也很難保證所處理的樣本之所有處置皆無差別。而上述這些差異都還不包括細胞培養以及實驗所用的藥品之品質，在不同批次的操作中是否沒有調配上的誤差、各種儀器設備所能達到的效能是否在不同批次的實驗中皆一致。這些潛在的差異也會出現在後續萃取蛋白質或 DNA 的過程中，不管是藥物處理時間的拿捏或是微量不純物的汙染控制等，樣樣都嚴厲考驗著研究者的實驗品管能力。所以同樣的，以這些材料和程序操作出來不同批次的數據，通常也不會有完全一樣的數值；即便只是標準差很小的數據，仍然意味著許多無法掌握的東西，存在於每次實驗的操作之中。

不過讓完美「再現性」無法達成的，除了材料、操作、儀器與方法等本質性問題外，還有一些更難控制的主觀問題。就像上述所提到的電極埋殖過程，雖然那些手術細節的取捨對於整體實驗究竟會產生多少影響，並沒有辦法做客觀的精確說明，不過卻極少造成研究者的困擾。通常研究者就把它歸類爲實驗中無法控制的背景雜訊，而且在主觀認知上，那些無法控制的，都是不會對結果產生決定性影響的背景雜訊。研究者之所以會這麼篤定地認爲，是因爲許多人工操作的程序（就像上述的手術之學習過程）都是師徒式的手把手教學，當一位初學者從教授者那裡學到一整套實驗的操作技能時，這套技能中對於材料的處理以及執行內容的認知與拿捏，諸如哪些該取、哪些該捨的判斷「心法」，通常也自然而然地融入在教與學的過程中，伴隨著各種片段式、非系統化的臨摹、聆聽、問答與糾錯，於不經意時一點一滴地傳學下來。這類在正式論文中通常不會明寫、也不知道從何寫起的實驗心法，因爲是來自於不同師門的學習傳承，所以諸多在實驗細節上的主觀認知差異，也會讓實驗的「再現性」大打折扣[41]。

另外在實務工作上，特別是生物學在運用數學的過程中，也可能會有「規格不符」的問題產生。以生理訊號處理常用的傅立葉轉換（Fourier transform, FT）爲例，FT 在數學上的基本假設是一個複雜波形的訊號在發生期間，其複雜的波形實際上是由幾種不同頻率的週期波加成而組合出的；而每種作爲組成的週期波，不管在頻率上、能量上於記錄期間都是穩定的，不會在期間中的某一時刻突然改變。然而在現實中，絕大部分的生物訊號於記錄期間內很少是穩定的，常有許多突發性的頻率與能量上的變化，也因此就理論上來說，若要分析生物訊號，最好的選擇並不是使用如 FT 這樣單純的頻域分析法，而是以同時考慮了時間因素在內的時、頻域兼具之分析方法爲佳。但是從文獻分析中可以看到在實務上，許多隨時間變化的生物訊號仍然是以 FT 進行分析爲主，例如在心率變異性（heart rate variability）分析[42]的研究中，

41. 例如，在開腦的手術過程中，頭皮上的第一刀該劃開 1.5 公分或是 2 公分、劃開的皮肉該用止血鉗拉開或是直接裁剪掉、硬腦膜是要剪開或僅用針刺洞即可，這些手術細節不會寫進論文中，通常也不會在任何學術討論的過程中被特別提起。但是這些傷口大小、擴張與護理方式，會直接關係到動物的出血狀況，對於接下來電極的插入置放過程，就會有不同程度的干擾。

42. 動物體的心跳速率受自主神經系統及許多激素的影響，在不同的生理及病理狀態下，心跳速率會因爲這些影響因子各式強弱不一的作用而有所變化。若是持續監測一個動物體的心跳速率，不會得到一個固定的數值，而會是一系列隨著時間的進展而不斷變化的數字，此即心率變異性（heart

儘管短時間傅立葉轉換（short-time Fourier transform）、小波轉換（wavelet transform）或其它時頻域分析的方法偶有被提及，不過相較於 FT 而言仍算少數，無法取代 FT 的地位。

這是因爲使用 FT 的生物學家們不知道這個數學方法的假設前提嗎？的確有可能，大多數的生物學家是不知道的。因爲大部分的生物學家在專業養成教育的過程中，並不一定會接觸到像 FT 這種線性積分轉換的數學方法[43]，因此在使用這類數學工具的時候，用的都是數學家或工程師幫他們準備好的套裝軟體，生物學家們只是純粹的使用者（或說，消費者）而已。但是，當初將這些數學方法引介至生物訊號領域的生物學家不會不知道，而幫大部分不懂 FT 演算法的生物學家準備套裝軟體的數學家或工程師也不會不知道；所以眞正的問題是，既然知道了，爲什麼還要引入與推廣這種和生物訊號本質有衝突的數學方法？而且明知道有別的數學方法更適合，但爲什麼那些更適合的數學方法無法拿下整個（或至少能夠平分秋色的）應用市場？

這種沒有「精準」使用的奇特現象，其實跟生物學沒有屬於「自己」發展出來的工具有關。

如果眞要計較起來，前面所提到的那些顯微相關的工具與技術，都不是在學理上立基於生物學的知識內容所發展出來的東西；生物學家通常只是作爲「使用者」，而生物學的研究內容則

---

rate variability）。若在一個 X-Y 座標平面上，以時間爲橫軸，心跳速率爲縱軸，將一段連續監測的心跳速率之數值於座標平面上綴連，可以得到一個隨著時間的延伸而有不規則起伏樣態的波形，因此可以使用傅立葉轉換進行分析。

43. 以台灣而言，與生命科學相關的系所在數學課程上，通常只有「微積分」是必修；而且在有限的上課時間內，常常連傅立葉級數（Fourier series）都未談到。

是屬於「被觀察者」的角色。對於顯微儀器的設計原理、加工製造、成像與分析等軟、硬體發展來說，生物學基本上並無法使得上力，頂多只是個規格提供者；儀器之所以能夠被造出，全都得仰賴物理、化學、數學以及各式工程、資訊科學所提供的知識與技術。雖然各種固定、切片、染色、螢光標定的技術表面上看起來很「生物學」，但實際上所使用的機具仍是機械、電機的產物，使用的染料、螢光標定物質則是化學的產物（這也可以從螢光蛋白拿的是諾貝爾化學獎得到旁證[44]）。亦即在探勘結構與分析功能的「工具」層面，生物學的研究工具發展，可以說是完全依靠各種外部學科的支援，仰賴這些外部學科的知識與技術，才能夠發展出合用的設備與方法以取得研究生物學的能力。從這個角度來看，如果在生物學的研究工作上一定得仰賴這些外部學科所發展出的設備與方法，但在使用這些設備及方法時，與被研究的生物對象出現了一些扞格的問題，而這些問題卻是肇因於設備和方法中所依據之學理基礎，那麼該讓步的通常就得是生物學本身 — 被改變的通常是生物學研究提問的方式，例如以限縮對答案準確度與適用範圍的期待，削足適履式的求得「不完美」的解答。也因此與這些設備和方法相關的外部學科，在這樣的工具屬性下，其功效也不是用來作爲架構生物學理論的依據，而只是貢獻在實驗數據的生產與分析之技術層面上。

在工具的發展無法自主的情況下，長久以來生物學對於「不完美」就一直抱持著務實的態度，包括個體的差異、實驗過程的

44. 2008 年 Nobel Prize 化學獎資訊如下：https://www.nobelprize.org/prizes/chemistry/2008/summary/，The Nobel Prize in Chemistry 2008 was awarded jointly to Osamu Shimomura, Martin Chalfie and Roger Y. Tsien "for the discovery and development of the green fluorescent protein, GFP"

測不準式干擾，不同師承手法的偏誤，這些無法完全避免的「不完美」，都讓生物學的研究者養成沒有精準答案、只能依靠統計分析後的平均值與標準差來思考結論的習慣。亦即，如果「不完美」不至於不完美到影響研究者心中對於平均值所代表的意義之評估，那麼這些造成「不完美」的事由，就是可以忽視的插曲；如果「不完美」已經不完美到影響研究者心中對於平均值所代表之意義的評估，那麼解決的方案未必是放棄這個「不完美」的方法，可以務實點，先考慮如何搭配其它輔助措施或是限制條件以縮小標準差，只需要讓平均值看起來仍然是個不錯的代表即可。因爲以「調整（想辦法縮小誤差）」取代「革命（乾脆換個新方法）」，對於過去已經累積的經驗以及已發表的成果來說，影響的程度總不至於太劇烈。以上述的心率變異性分析來說，雖然一個動物在某段時間內的心跳速率之變化很難完全符合「穩定」的要求（亦即每一種作爲組成的頻率，在記錄期間均週期性的以同樣的振幅大小發生）；但若是我們要求受測對象在量測期間，盡量維持某一種特定的狀態，像是都安靜的躺著或是都以同樣的速度跑著，那麼藉由個體在受測時的穩定狀態以降低心跳速率變化的不穩定，那就有可能減少「不完美」的程度，讓 FT 可以繼續適用[45]。

總括來說，生物學的研究工具讓我們所看到的都是有缺陷的、不完美的事實，也因此不管是對於實體結構或是結構所對應的功能之研究，不同的研究設計所得之結果，若在量化的數據上

45. 在以下的論文中，有詳細說明心率變異性分析時應該注意的狀態要點：Task Force of the European Society of Cardiology. (1996). Heart rate variability: standards of measurement, physiological interpretation and clinical use. Circulation, 93, 1043-1065.

都要求能夠整合，那會是個不切實際的想法。所以在生物學研究的內容陳述上，以質性或概略式的定量描述進行內容鋪陳，再輔以卡通化的示意圖整合各個不同實驗所取得的構形樣態、組成變化與功能表現之數據，只求將這些「不完美」的結果能夠在結構與功能關連性的推論上，於既有的證據中可以獲得自圓其說的演繹，基本上也就滿足了我們對生物學研究目的之要求了。

第三章 生物學的推理——以箭頭代表機制的流程化思考

以「生命現象」爲對象的生物學研究，探討的課題通常有兩個重點：一個是「什麼東西是主角」，找出哪些生物體的結構直接與此現象相關；另一個則是「這些演出者如何互動」，主要是以物理、化學的觀點來解釋參與的生物體結構如何協同合作達成該有的功能。這種以物理、化學知識爲本的機制說明，可以從絕大部分的生物學教科書之章節順序看出：開頭的幾個章節都是介紹原子與分子、鍵結、分子間作用力、熱力學原理、化學反應的相關概念等，接著再輪到四類的生物巨分子[46]，然後才進入細胞的介紹。

在第一章提到我們可以把「生長」、「繁殖」跟「感應」理解成只是在定義生命時，爲了量測方便所提的權宜措施，而所有生命現象的討論基礎就是本質爲化學反應的「代謝」；亦即，「生命」存在於在各式各樣的化學反應中。如果從這個角度來看，可以把一個生物體想像成一根擁有特殊形狀的大試管，在這根試管的各個部位裡有各式各樣的化學反應進行著；如果要談生長、感應、繁殖等生命現象的內在機制，基本上就是要討論這些生命現象跟哪些化學反應群組有關係。但如果把生命當成是一根試管，那這根試管裡面所進行的化學反應，跟一般實驗室內試管中進行的化學反應，有沒有什麼不一樣的地方？它進行的方式、原料的

46. 組成生物體的主要巨分子（macromolecule）有四類：蛋白質（protein）、醣類（carbohydrate）、核酸（nucleic acid）、脂質（lipid）。

供應、對能量的需求，有沒有偏好某幾類、常用某幾種？這些問題，是目前生物學研究的核心問題，也是大家對生物學的基本印象；特別是在談到細胞層級的運作時，就等同於在談論各式各樣的化學反應如何搭配組合，以進行有次序的反應。

因為化學反應發生時的物理與化學條件，是大部分研究生命現象時的核心問題，所以在研究進行的時候，很容易就把被論述的生物學對象當成是一團「均質」的東西。把研究對象作均質化想定，這是在討論物理或化學的課題時，很常見的簡化做法；特別是在討論與各種「作用力」有關的過程，不管是電力、磁力或萬有引力，都會有這種理想化的假設。是以將想要討論的生物對象之結構也以均質化的思維來看待，有助於生物學家簡潔地套用物理或化學的框架來進行論述。

這裡所謂的「均質」，可以指單一個實體內部之組成無差別的均勻，也可以是一群同名的諸多個體，其所有性質都沒有任何差別的均等。例如在實務上，談到像老鼠這樣的動物之位移行為時，常常將一隻老鼠個體的幾何中心視為質心，基本上這樣的分析方式，就已經把一隻老鼠當成是一團均質的物體，才能以幾何中心作為整體質量的代表（單一實體內部無差別的均勻）。而當我們在談細胞膜的膜電位升高的時候「電位閘控的鈉離子通道（voltage-gated sodium channel）」會開啓，基本上這樣的說法，也就把細胞膜上所有電位閘控的鈉離子通道當成是一群均質的東西（一群同類的個體間無差別的均等），理所當然地忽略每個離子通道所在位置的微環境，都有可能影響其開閉的性質，進而造成每個通道的功能表現會有些微的不同。

這種均質化表面上看來對生物學而言是一種「退讓」——說

「退讓」，是因爲生物學家們很清楚知道「均質」對生物體來說是不可能的，即便在單純的物理或化學的事件中也幾乎是不可能；例如一杯置放在室溫的純液體，其最上層接觸空氣的介面之液體分子，因爲四周不全爲同類的分子（有一些是跟空氣接觸），所以其分子間的作用力就與杯內其他區域的液體分子群有所差異。不過實質上將物體作均質化的假設卻是一種積極有效的做法，就像談論萬有引力大小與兩個物體間的距離平方成反比的時候，通常我們不會去管那個物體的形狀大小爲何，而是直接把「距離」定義成兩個物體的質心之間的距離，亦即把物體的質量都視爲集中在那個質心的位置來考慮。但是「質心」位置要怎麼決定呢？最簡單的方法就是先把物體內部各處的密度當成一致，在這個內部密度無差別的均質化假設下，物體的幾何中心就是質心。若是將來我們發現該物體內部的密度分布不平均，我們還是可以用這種均質化的假設，針對該物體的密度分布作分區探討後，再權重調整做逼近式的計算。

同樣的均質化考量，對生物學來說也是一種積極有效的做法。例如，要計算一隻老鼠的平均運動速度時，就物理上的定義來說，速度就是單位時間內物體的位移量，所以只要取兩個時間點，分別量測各時間點老鼠所在位置的座標，就很容易換算出老鼠的平均速度。但問題是，什麼是「老鼠的所在位置」？基本上老鼠並沒有固定的形狀，特別在老鼠運動的時候，不僅四肢，包括頭與尾巴甚至是體軀都不斷地變化它們的形狀，以致於這樣一坨不斷變形的東西要找到一個具代表性的參考點，就變成我們在計算這個簡單的物理量時不簡單的定義問題。因爲這隻老鼠體表的任何一處與其它處的相對距離，在運動的過程中均不斷地跟著改變，所以在那兩個時間點所得到的位移量，若是以鼻尖爲準、以眼睛爲準或是以尾巴基部爲準所量測到的，極有可能均不相同。

如果不相同，那要以哪裡爲準？我們可以這樣想，「速度」這個物理量除了單獨使用外，也是「作用力」、「動量」這些重要的物理量之計算基礎，它們都有跟質量相乘的計算過程，所以用「質心」的位移量來作爲計算速度時的代表，應該是很合理的事情。但是對於老鼠這種超不均勻又時時在變化形狀的個體，「質心」的位置要怎麼決定呢？那就一樣，先把物體內部各處的密度當成一致，在這個內部密度無差別的均質假設下，幾何中心就是質心；如此，我們便可以很明確地計算出具代表性的位移量[47]。因此均質化的假設可以說是一種理想化的想像，讓我們得以聚焦在關鍵的特點上，避免一開始就陷入零碎化的思考中，以致於喪失對本質活動特性的洞察。

另一個在生物學表述中很常見的均質化例子是，細胞質。在絕大部分細胞的示意圖中，細胞質通常只是一片均質到空白的背景，好讓某些細胞內反應的流程以文字或是圖形呈現在上面。因爲這樣空白的背景，很容易讓人想像這些流程內所標註的東西，不論是胞器或是分子、離子，在這樣空無一物的環境中是自由的、沒有拘束的，所以很容易隨著流程中箭頭符號所標示的方向移動。但是在事實上，物體在細胞質內的移動可沒那麼自由；細胞質內的空間其實被各種細胞骨骼、各種有膜胞器區隔出許多

47. 即便做了這樣均質化的假設，在這兩個時間點老鼠的質心所在之體內位置，其實也不是絕對的。因爲此時的質心是幾何中心，當老鼠的身體姿勢不同時，其身體的幾何樣態就會變化，此時的幾何中心也會有變化。這也可以算是第二章末尾談到的「不完美」之一例。

「雖然有通連，但是障礙物很多」的局部空間。在意象上，就像是一個地坪有一百平方米的房間內，不只擺了十幾個大小不等的衣櫥，還架了八十幾根間隔不一、直徑有二十公分的柱子；在這樣的房間內，不要說一個體重七十公斤的人在移動上很麻煩，就算是一隻三公斤重的貓，想要從房間內的一端跑到對角線的另一端，還是得左閃右閃跳上跳下地才能到達。但是讓人把這個充滿障礙的空間先在想像中清除成空空蕩蕩的樣子，這就是均質化思考所發揮的積極效果——此時研究者可以先不用管實際狀況有多零碎多混雜，就直接把這些零碎與混雜當成無意義的白雜訊般地靜默成一片空白，讓想要探討的重點先清楚地浮現再說。這也是我們在第一章所提到的「模塊」之特點，在敘述模塊結構的時候，並不用將模塊內所有的環境都鉅細靡遺的標示出，只需要讓與功能表現最相關的角色出場，其它關聯性較遠或是無關的結構，就以均質化的方式設定爲背景即可。

除了「單一實體內部無差別的均勻」之均質化想像外，「一群同類的個體間無差別的均等」之均質化設定，則是另一個生物學研究時，很常作爲實體結構性質之理想化假設。

在談生物學這方面的均質化之前，先以一個大家在中學時都見過的物理學例子開場，理想氣體方程式：PV = nRT[48]。這公式的名稱爲什麼說是「理想氣體」呢？因爲這個等式如果要精準成立，那麼這些被量測的氣體分子之體積必須爲零，而且分子跟分子之間不能有相互的作用力存在；如此，這些氣體分子所存在的

48. 在 PV = nRT 中，P 爲理想氣體的壓力，單位通常爲大氣壓（atm）；V 爲理想氣體的體積，單位爲公升（L）；n 爲理想氣體的粒子數，單位爲莫耳（mol）；R 爲莫耳氣體常數，約爲 0.082 L·atm/K·mol；T 爲理想氣體的溫度，單位爲絕對溫度（K）。

密閉空間中，其壓力與體積的乘積將正比於絕對溫度與分子莫耳數的乘積。當然，現實裡沒有體積為零、也沒有相互作用力為零的氣體分子，所以這個公式若用在實際狀況下必定會有誤差。但若量測的氣體是在高溫（此時分子的動能遠大於相互作用力）、低壓（此時氣體分子間的距離遠，相互作用力小，而且分子總體積相對於容積幾乎可以忽略不計）時，容器內氣體分子的表現會近似理想氣體，因此誤差很小。也就是說，一個理想化的模型，即便不能給出一個精準的預測值，至少可以給出個變化的趨勢與程度；若是將實驗的條件盡量往理想化要求的方向設計，那麼所得到的數據應該也能貼近理想化的計算結果。

這類各個體間均等的想像，也是生物學研究的日常。就像前面所提到的電位閘控鈉離子通道，事實上，一個神經細胞上的電位閘控鈉離子通道，在基因結構上可能有幾種不同的亞型，所以會有不同結構的通道分子表現在同一個細胞上[49]；因為結構不同，當然這些通道的各種開閉性質也會有些差異，所以不會是大家都一個樣的實體。不過即便是同一基因型的通道蛋白，雖然在胺基酸組成與排列上（亦即「一級結構」）都一樣、在以胜肽鍵聚合的主鏈之構形上（亦即「二級結構」）也都一樣，但是蛋白質中各胺基酸單體的側鏈間之結合狀況（亦即「三級結構」）就可能會有大致上一樣，但在細節上存有一些變異的可能。因為三級結構的維持主要靠的是側鏈間一些零星的非共價鍵作用力之吸

49. 例如在以下這篇論文中，就提到電位閘控鈉離子通道，光是在人類，就有 NaV1.1-NaV1.9 九種亞型：Catterall, William A., Alan L. Goldin, and Stephen G. Waxman. "International Union of Pharmacology. XLVII. Nomenclature and structure-function relationships of voltage-gated sodium channels." Pharmacological Reviews 57.4 (2005): 397-409.

引，不像一級結構是共價鍵、二級結構是諸多平行排列的氫鍵那麼強的結合；加上通道蛋白是個掛在細胞膜上、貫穿細胞內外的分子，所以很容易受各種細胞內外環境因素的影響。像是通道附近如果帶正電的離子忽然變多，那些帶正電與帶負電的側鏈間之結合就會受到干擾，進而影響通道蛋白的功能。

就算所有通道蛋白於細胞內外所遇到的環境都一樣，這些基因型一樣的通道蛋白仍然可能會有細微的三級結構差異。那是因爲這些通道蛋白懸掛的所在，細胞膜，其組成之磷脂質分子的種類也會有差別。雖然我們在敘述細胞膜的時候，也很容易以均質的方式，將細胞膜當成都是由一樣的磷脂質分子所組成的雙層結構，但實際上組成細胞膜的磷脂質分子種類相當地多樣性，甚至有些種類的磷脂質分子只出現在細胞膜的某一層，亦即細胞膜磷脂雙層分子的組成是不對稱性的。由於通道蛋白是貫穿細胞膜的蛋白質，因此不管是細胞膜的雙層磷脂質分子避水性尾端相對排列的結構，或是面對細胞內外環境的磷脂質親水性頭端，不同磷脂質分子所帶有的不同性質之非極性與極性部位，即便影響非常細微，但還是有可能影響鑲嵌其上的通道蛋白之三級結構。也就是說，縱使這些通道蛋白的基因型一致，但因爲其所處的環境已經成爲影響其結構不可分割的一部分，所以在事實上，這些基因型一致的通道蛋白仍然算是於個體間有差異的東西。

但是當我們在敘述「動作電位」發生機制的時候，幾乎所有的教科書都會以一群「同樣的」鈉離子通道的角度，來敘述動作電位發生的機制。不管是在靜止膜電位的階段、刺激初始的階段、膜電位超過閾值的階段，一直到電位到達頂峰後又開始下降的階段，所有的鈉離子通道都以一致性活動的角度被敘述，完全依照膜電位波形變化的走向，該開就開、該關就關。也因此我們在表達上，可以不用考慮那些事實上存在的差異，而直接又單純的以「電位閘控鈉離子通道」一詞來概括敘述所有這類型的通道；就像是沒有畫出標準差、僅以平均值代表群體的柱狀圖那樣地，彷彿是事實。

以「均質化」的角度來簡化生物學研究中所牽涉到的物體結構，除了可以進行一些「理想化」的基本原理探究外，也讓生物學以類比於「化學方程式（chemical equation）」的樣態來呈現，成爲一種理所當然的方式。

生命現象的表現與生物體內各式各樣的化學反應密切相關，這已是生物學的基本共識。而「化學方程式」是對化學反應最基本的表示方法，清楚展現了參與反應的反應物以及反應後所生成的產物之種類，還有各物質間在反應時的數量關係。方程式通常以由左至右的方向之箭頭符號（→）分隔成左右兩側，箭頭所指的方向代表反應進行的方向，其中左側爲反應物，右側爲產物；各側內若有多樣物質，則物質之間用加號（+）表示共同參與。有時箭頭旁（在箭頭符號上方或下方的位置）會附有其它符號或文字，用以代表反應發生所需要的額外條件，例如「△」這個三角形符號就代表加熱，或是直接寫出其反應時所需要的環境溫度（如圖四）。而在一個「化學方程式」裡，所有物質都可以明確地寫出其化學式，如果其中某物質的係數是 3，那就代表在那個進行反應的空間裡，可以有 3 莫耳完全一樣的某物質參與反應；亦即某物質是一群個體間無差別的粒子，每個都均等。所以一旦我們把生物結構中的各組成物體視爲均質化的東西，這種清楚又簡潔的「化學方程式」敘述法，就可以框架式的套用到生物學內容的表達上：箭頭代表事件進行的方向，左側是因、右側是果，箭頭旁所附註的符號或文字，代表事件進行時所需要的附加條件。

$$N_{2(g)} + 3H_{2(g)} \xrightarrow[Fe_2O_3]{200atm,\ 450\ ^\circ C} 2NH_{3(g)}$$

圖四、化學方程式的一例。此方程式為著名的哈伯法（Haber Process），表示每 1 莫耳的氮氣可以跟 3 莫耳的氫氣在 200 大氣壓及攝氏 450 度的環境內，於氧化鐵的催化下產生 2 莫耳的氨氣。

儘管如此，在意涵的解讀上，生物學的箭頭化敘述還是跟「化學方程式」有根本上的不同。首先就「化學方程式」的物質組成來說，箭頭兩端的物質一定不一樣，反應物是反應物、產物是產物，其組成物質不會有重疊；也就是說，箭頭左側的反應物群在反應的過程中，一定會產生舊鍵的斷裂與新鍵的形成，一定會生成與它原有結構截然不同的新物質（亦即箭頭右側的產物）。但是在生物學的內容裡，許多反應的過程並不會牽涉到箭頭左側的實體在結構上的裂解與重組，常常只是反應物之間以非共價鍵的作用力互動所造成的些微結構改變，導致了箭頭右端的結果；甚至，箭頭右端的樣態只是某些組成分布狀態的改變，與化學鍵的變化無關。

例如在神經突觸[50]的傳導過程，假設此突觸前神經末梢所分

50. 身體的任何行爲的控制均牽涉到兩個神經元以上的神經路徑。而神經元兩兩溝通訊息的方式，主要是靠前一個神經元軸突所分枝的神經末梢，與下一個神經細胞的樹突或細胞本體間（少部分爲軸突）形成突觸（synapse）的構造，此構造會將電位變化的訊息傳給下一個神經細胞。突觸又分爲電性突觸及化學性突觸，但在高等脊椎動物的神經系統中最常見的是化學性突觸，本處所舉之例即爲化學性突觸。化學性突觸在構造上包含三個部分：突觸前末梢、突觸後細胞及前兩者細胞膜之間的突觸裂隙。突觸前末梢主要的功能是依據動作電位的訊息釋放作爲訊息溝通分子的「神經傳遞

泌的神經傳導物質爲乙醯膽鹼（acetylcholine），在與突觸後神經細胞膜上的乙醯膽鹼受體結合之後，這個通道型的受體會因爲乙醯膽鹼的非共價鍵作用力之影響而發生三級結構的改變，進而讓此通道由關閉型態變成開啓型態，使得鈉離子可以經由這個通道流入細胞內、而鉀離子也可以經由這個通道流出細胞外。整個反應的過程，我們可以仿化學方程式寫成：乙醯膽鹼＋乙醯膽鹼受體（閉）→乙醯膽鹼－乙醯膽鹼受體（開）→鈉離子數量上升（細胞內）＋鉀離子數量下降（細胞內），而在這兩個箭頭各自的兩端，均沒有分子被裂解進而重組成新的分子，甚至在第二個箭頭的右側只是兩種離子在細胞內外的分布數量改變而已，與粒子的鍵結變化無關。

此外，「化學方程式」裡出現在箭頭兩側的所有物質，就是這個化學反應的全部了[51]；所有的討論都只能集中在這些物質身上，只要滿足了註記在箭頭旁側的條件，這個反應一定會發生，而且會依照各物質在方程式中的係數關係定量地發生。但是在生物學裡，箭頭兩側所列出的常常只是「截至目前已知道的東西」，是否還有哪些未知的反應物會參與、還會產生哪

物質（neurotransmitter）」。突觸前末梢通常會特化出膨大的構型，裏面含有許多存有神經傳遞物質的小囊泡。突觸後細胞的膜上有許多能接受神經傳遞物質刺激的受體分子，這些受體分子有些本身就是化學分子控制的離子通道，有些則是能引發細胞內的訊息傳遞機制去控制離子通道的開關。突觸裂隙是突觸前、後細胞膜之間一個寬約 20~50 奈米的間隙，此間隙隔絕了動作電位由突觸前直接傳遞到突觸後的可能。然而突觸前、後細胞膜之間也並非完全無聯繫，在這兩片膜上有些稱爲「細胞黏著分子」的蛋白質，從相對的兩面膜各自往外突出並在突觸裂隙中互相連結，藉此分子的作用，突觸前、後的細胞得以維持穩定的膜間空隙。

51. 若在箭頭旁有標註催化劑，則催化劑亦參與了反應的過程，但最終其結構與數量並未改變，沒有成爲產物的一部分。是以眞正有了改變的，還是箭頭兩端的物質。

些未知的產物，都是不確定的。例如，對於 β 型腎上腺素受體（β-adrenergic receptor）的調節而言，在 1990 年制動素（arrestin）這種可調節受體活性的蛋白質被發現之前[52]，一般認爲這個受體的去敏感化（desensitization），只是經由一些磷酸激酶（kinase）對受體某些胺基酸進行磷酸化所產生的效果而已，後來才發現還需要制動素的參與，才能完成後續的調控程序。也就是說，在 1990 年之前，如果我們要方程式化 β 型腎上腺素受體的去敏感化調節，於箭頭的左端並不會有制動素的出現，那是在 1990 年以後才會被寫入的反應物。

正因爲這樣的不確定性，生物學若要擬化學方程式的表達方法，基本上得跟「量化」脫鉤，甚至連質性的說明都無法透徹；而在生物學家畫出那道箭頭的時候，箭頭的意涵就不會只是事件進行的方向，而是擴大成一個黑盒子，裝了未知的反應物、未知的生成物以及未知的反應條件之黑盒子；之所以會是一個黑盒子，根源是「活」這件事情，必須得在一個混雜的系統中才看得到。

在研究化學方程式的時候，起始狀態全是已知的，包括反應物的數量、催化劑、溫度與壓力等環境條件都是可控制的；反應結束之後，所有的產物也都留置在系統中以供確認種類與數量，包括熱能的變化量也都可以量測。而且在反應前後的過程中，不會摻雜有其它不相關的物質干擾，因此化學方程式才能表達得那麼純粹。但生物學的研究是在混雜了多種不同化學反應的系統中探索，而且研究的方向通常是個反箭頭方向的程序：先在這個混

52. Arrestin 的發現見以下文章：Lohse, Martin J., et al. "β-Arrestin: a protein that regulates β-adrenergic receptor function." Science 248.4962 (1990): 1547-1550.

雜的系統中挑出一個在結構或數量上有變化的實體物質作為「產物」，然後在同一個混雜的系統中找出它變化的原因；也就是，以反箭頭方向去推測相對於這個「產物」的「反應物」是哪些。

這裡要特別說明的是，雖然在形式上，大部分生物學的研究在表達上看起來是往順向的程序推演，亦即操控某個 A，讓它在結構或數量上有所變化，再看看另一個 B 會不會隨著 A 的變化而變化，亦即是 A → B 的形式；但是就研究發想的開端來說，通常是先知道 B 已經受到影響了，然後猜想可能是 A 的關係，最後才會去操控 A。之所以會以這種逆著箭頭的方向去猜想的方式進行研究，主要原因就在於現有的技術，無法對於生物體內各種結構的變化進行即時的普查式量測，一次只能鎖定一個特定對象進行量測（或許有些方法可以同時鎖定多個，例如以不同顏色的螢光蛋白同時標定不同的蛋白質，但能夠同時追蹤的種類仍然相當有限），所以通常得先有了預期要量測的目標 B 之後，才開始操控 A 的實驗，看看 A 若有了變化 B 會不會也跟著變化，因此在實驗設計上還是由「產物」去回推「反應物」的想法。

但這種回推猜想的方式很常遇到的困境是，一個在生物體內結構或數量上有變化的實體物質，其作為一種「產物」，通常不會只是某個反應方程式專屬的，而是在幾種不同反應方程式中都會看到這個「產物」；並且，常常，這個「產物」也同時會是其它方程式的「反應物」。最常見的例子是細胞內那些擔任第二訊息傳遞角色的粒子，就像鈣離子，這個原子量只有 40、帶有兩個正電荷的離子在細胞內與多種生理反應有關；許多來自細胞外的刺激皆會造成細胞質游離的鈣離子濃度增加，而細胞質鈣離子濃度的增加接著會促使許多種類的分子在結構與功能上的改變，所以細胞內「鈣離子濃度上升」會是許多反應箭頭的指向之處（產物），也會是許多反應箭頭的出發之處（反應物）[53]。正因爲這種多源匯集與多方發散的龐蔓，以致於，當我們打算回推猜想的時候，該針對多少條方程式、選擇什麼樣的回推驗證方式，常常就得靠研究者衡量自己所能夠動用的資源作主觀的選擇了[54]。

既然有這樣的困境存在，那麼生物學家要怎麼去做回推猜想的研究工作呢？在基礎化學中有個一定會提到的課題，「反應機構（reaction mechanism）」，可以作爲思考的線索。

「反應機構」是描述一個化學方程式裡的反應物在轉化成產物的過程中，反應物粒子的破壞與產物粒子新生之逐步演變順序。化學反應若要發生，反應物粒子（分子、原子或離子）間必須要「有效」的碰撞在一起。所謂的「有效」得滿足兩個層次，首先是碰撞當下的那些反應物粒子的動能要夠，使得碰撞時的能量足以超過反應發生所需要的活化能（activation energy）；但是光靠蠻力仍不足以保證成事，也得要粒子碰撞到的方位正確、剛好是鍵結重組事件所在範圍內才能成功[55]。就機率來說，兩顆粒

---

53. 鈣離子在細胞內功能角色之多樣性，可見以下介紹文章：Giorgi, Carlotta, et al. "Calcium dynamics as a machine for decoding signals." Trends in Cell Biology 28.4 (2018): 258-273.

54. 這裡的「資源」包含人力、經費、設備等有形資源，以及研究者本身的專業素養、背景知識的廣博程度，與洞察力的敏銳度等無形資源有關。

55. 生物體內參與反應的分子有許多都是分子量不小的大分子，這些大分子進行反應時，通常只有整體結構中的某幾個組成原子才是發生改變的地方，如果碰撞到的不是這些地方而只是其他角落，那麼即便碰撞的動能夠大，也不會促使反應發生。由於分子的平均動能和絕對溫度成正比，一般的恆溫動物可透過其自身的溫度調節系統，維持身體的溫度只在適當的範圍內變動；即便是變溫動物，仍然可利用外界環境的輔助，例如躲藏在陰涼處或生活在水中使得體溫不至於有過大的變化。這些體溫的維持，可以讓各種參與化學反應的分子擁有適當的動能，因此在正常體溫下，那些反應分子碰撞的動能因素就不是問題。所以只要能夠提高反應分子間隨機碰撞到

子有效碰撞到的機會最高，而三顆粒子同時有效碰撞到的機會就低了；若要三顆以上的粒子同時有效碰撞，那已是事實上難以發生的事情。也就是說，如果在化學方程式的左側之反應物係數總和大於三，那就代表的右側的產物不會是在同個瞬間一起生成的，因爲不會有多於三顆粒子同時有效碰撞到；整體反應一定可以拆解成幾個更單純的步驟，每個單純步驟只容許最多三個粒子參與碰撞，亦即描述這些單純步驟的機構方程式，其左側的係數和最多就三。不過要注意的是，即便化學方程式的反應物係數總和只有二，仍不保證就一定一次到位，還是有再拆解成幾個反應機構方程式的可能（如圖五）。

$$CO + NO_2 \rightarrow CO_2 + NO$$

$$\text{rate law} = k[NO_2]^2$$

$$\text{step 1 (slow)}: 2\,NO_2 \rightarrow NO_3 + NO$$

$$\text{step 2 (fast)}: NO_3 + CO \rightarrow NO_2 + CO_2$$

圖五、反應機構之一例。在一氧化碳與二氧化氮作用產生二氧化碳與一氧化氮的化學反應中，由於實驗測得其反應速率只與二氧化氮的濃度平方成正比，因此推測其反應過程可以分為 step 1、2 兩個步驟，這兩個步驟就稱為反應機構中的基礎反應（elementary reactions）；其中 step 1 為速率決定步驟（rate-determining step），亦即在反應過程中，此步驟的反應速率最慢。若將 step 1 和 2 加總並刪去箭頭左右端重複的部分，所得之淨反應就是原反應。

但是在大多數情況下，囿於目前的儀器與偵測方法的能力有限，這些反應機構並無法每一個都被實際觀察到，許多階段都得

的機率，那麼碰撞到正確方位的機會也就會跟著增加，反應速率也就可以更快。是以如果不以升溫來增加分子間碰到的機率，那麼增加反應物的濃度就成爲增加有效碰撞機率的主要手段了。

仰賴理論上的推測：以理論上不違反熱力學的原理爲原則，針對過渡狀態、哪些鍵以什麼順序被斷裂、哪些鍵以什麼順序被形成進行討論；並且以這些機構去對應催化劑的作用、反應發生所必需的環境條件、反應發生的速率決定步驟等實驗證據，看看推論出來的反應機構是否足以解釋這些相關數據。所以在反應機構的解析過程中，我們還可以看到箭頭運用的另一種方式「箭頭推動法（arrow pushing）」（如圖六），將彎曲的箭頭畫在化學方程式中反應物的結構式上；通常箭頭的起點就在某個電子符號的旁邊，代表在反應中會遷移的電子，而其箭頭的指向就是電子新的安身立命之處，以此說明化學鍵的斷裂和形成，或是電荷如何通過共振分布。所以在化學上，「反應機構」可以說是對化學方程式進行的一種另類化約式的研究，將一個化學反應視爲幾個子反應的組合；而且在表達上是以由上而下排列的方式將發生的順序流程化，也就等於將「時間」的資訊也帶入化學反應的思考中。

$$Cl:Cl \xrightarrow{\text{Ultraviolet light}} Cl\cdot + Cl\cdot$$

圖六、氯分子在紫外線的照射下，會導致原子之間的共價鍵均裂，形成兩個帶有自由基的氯原子。此反應的過程可以透過彎曲的箭頭，代表在反應中電子的重新分布方式。

這種表達方式對生物學的研究極具啓發性，也就是針對生物體內的某個結構變化做回推猜想的研究工作時，先不用把眼光放得太大、急著去思考方程式左側總共有多少種反應物，只需要先思考和這個變化中的結構最可能有直接關係的東西是什麼；不用多，最多就兩個，確定了，便往前推一層，再找更前的一兩個。

以前面提過的鈣離子爲例，今天如果在刺激源不明的狀況下量測到細胞內的鈣離子濃度上升，若要判斷刺激源的分子種類，可行的做法可以先從釐清這增加的鈣離子是從哪裡來的，是從細胞外流入？或是從內質網流出？抑或是從粒線體流出？先從鈣離子的來源追起，確認了，就可以進一步判斷所使用的通道或受體的種類，從而由通道或受體的閘管機制，推測出刺激的來源。

理想上這雖然是個可行的方法，但是生物體這個混雜的系統，還是會讓這種逐步反推回去的方式，遇到一些障礙。

在化學的「反應機構」中，起始條件（亦即反應物的種類及含量）是已知的，加上整個反應過程中排除其它物質外加進來的可能性，因此機構方程式中所出現的任何中間物質，包括最後一條機構方程式右邊的終產物，一定都是從起始的反應物變化重組出來的東西；基本上，只要我們對於反應物的所有組成原子進行各種鍵結的可能組合，就可以窮舉出所有可能出現在機構方程式中的物質之化學式，進行各種機構組合的假設；即便現實上這些假設的反應機構無法每一個都被實際驗證，但經由間接的實驗數據以及理論上的推演，還是可以得到最佳的機構組合。然而在生物體內，由於我們無法掌握所有反應物或是產物的資訊，也因此在反應過程裡的中間產物有哪些可能，就很難僅憑系統中的一兩個實體物質之變化樣態推測出來；因爲不管是大到一整個身體或是小到只有一顆細胞，對我們來說都是一個所知有限、未知更多的混雜系統。我們不知道在這個系統中，究竟是僅只於這一兩個構形或組成有變化呢，還是有其它構形或組成也關聯在一起變化；也就是說，即便我們根據現有的證據、過去已有的經驗猜測了一個最關聯的候選者，畫出了一個箭頭，但誰也不敢確定這個箭頭不會迸裂開來，又塞進來一個中間產物的機構。

還是以鈣離子爲例。許多非興奮性細胞（non-excitable cells）在一些刺激狀態下常會出現鈣離子濃度震盪（calcium oscillations，細胞質內游離的鈣離子其濃度會出現週期性的漲落變化）的現象。在濃度震盪期間，鈣離子數量的增減牽涉到細胞膜、內質網上多種鈣離子通道與幫浦的協同作用，其中肌醇三磷酸不僅與鈣離子的通道開啓有關，也常常見到其濃度與鈣離子以同週期但有相位差的漲落變化。鈣離子濃度的震盪頻率與振幅可能與細胞內多種訊息的編碼有關，影響到許多不同酶系統的功能調節[56]；也正因爲鈣離子濃度的震盪與許多細胞內的功能有關，這些功能的執行狀況，也可能以迴饋調節的方式影響鈣離子濃度震盪的頻率與振幅。是以在這個混雜的系統裡面，若以我們在前一段那種「反應機構」的直覺方式來想，先從鈣離子的來源判斷通道或受體的種類，從而由閘管機制推測刺激的來源，這種限縮在單層的逐棧式回推，雖然對於描述「刺激→受體→反應」這種垂直式的遞移關係有用，但是對於不同鈣離子來源之間的關聯性（如內質網的排空鈣離子與細胞膜上鈣池調控鈣離子通道的開啓[57]）或者是被調解者的負迴饋作用，這類橫向與逆向關係的連結，我們很難僅就所觀察到的有限表象，判斷出該有的因果關係。

---

56. 鈣離子濃度震盪相關的生理課題可見以下文章介紹：Wacquier, Benjamin, et al. "Coding and decoding of oscillatory Ca^{2+} signals." Seminars in Cell & Developmental Biology. Vol. 94. pp. 11-19. Academic Press, 2019.

57. 內質網是細胞內鈣離子的儲藏所之一，內質網內的鈣離子可以釋放到細胞質中；當細胞內的內質網中鈣離子接近排空時，位在內質網膜上的特定蛋白質會被活化，與相近的細胞膜上之鈣池調控鈣離子通道（store-operated Ca^{2+} channel）上的組成蛋白交互作用，造成此鈣離子通道開啓，進而使細胞外的鈣離子流入細胞內。

所以儘管「均質化」與「反應機構化」可以讓生物學的研究得到一系列的反應流程，但這些流程並無法同「反應機構」詮釋化學方程式那樣的精確，因爲連最基本的組成物質種類都難以確認。所以在生物學的流程化表述中，放棄了反應係數這種代表量化的數字，放寬了「+」這種代表配對角色的互動內涵，讓箭頭這個矢狀符號成了一個黑盒子，代表在兩套結構之間有其它未知的結構，或是某種關於狀態、能量、訊息之遞變過程存在的諸多可能。也因此在解讀生物學的流程化圖示時，箭頭的意義是浮動的，完全視橋接的兩個端點之結構而決定；而「意義」的詮釋，則是以文字式、非量化的模糊方式敘述，並且通常含有無嚴格定義的詞句在內。是以當生物學家談論某個生命現象之「調控機制」，若是談到與結構眞正相關的層級時，思考的方式就無法再以數學的邏輯進行解析，而是得進入到以箭頭符號代表機制、逐站各自獨立詮釋的「流程化」思考。

雖然使用像箭頭這樣的矢狀符號並非一定代表無法量化的過程，例如在化學反應式中像 $2H_2 + O_2 \rightarrow 2H_2O$ 這個式子中的箭頭，代表的就是一個可以量化的遞變過程，但這個量化關係是植基在「所有」反應物跟產物均能「明確」定量的條件之下。可是在生物學的研究對象中，小至胞器大至生態系，不管哪一個層級的結構，我們都無法得知牽涉到某個事件的「所有」成員；即便得知了某些成員，但大部分參與的成員也缺乏「明確」的定量測量方法。所以雖然使用與化學方程式同樣外型的符號，但是在生物學與在化學中的意涵卻有很大的不同。生物學裡的箭頭無法代表箭頭兩端之物的量化關係，僅能用來指稱兩端之物彼此間具有某類關係而已，這樣的現象不止見於細胞層級的研究，在諸如像是器官、系統甚或是生態這類更複雜層級的研究中尤爲明顯。

就以「心跳速率」這個植基於心臟的參數來說，影響其數據大小最直接相關的因子，莫過於自主神經系統中的交感（sympathetic）與副交感（parasympathetic）神經。這兩套神經系統藉由其分枝到心臟竇房結（SA node）上之神經纖維對心臟的作用，以拮抗的方式調控心跳的快慢；其中交感神經的作用可以加快心跳速率，副交感神經則可以減緩心跳速率。因此我們在表達上可以用兩個不同的箭頭同時指向「心跳速率」這個名詞，其中一個箭頭的起點寫上「交感神經」，另一個箭頭的起點則寫上「副交感神經」；有時候爲了彰顯交感神經的作用結果是加快心跳、副交感神經的作用結果是減緩心跳，我們還可以在交感神經的箭頭旁邊加上個「+」、副交感神經的箭頭旁邊加上個「-」，如圖七所示。這是很明顯易懂的圖示方式，清楚地彰顯了交感神經、副交感神經這兩個不同結構與心臟跳動在功能上的關係。

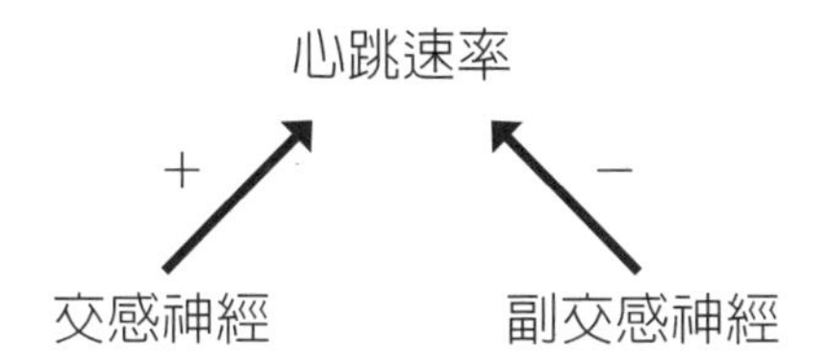

圖七、交感神經、副交感神經系統與心跳速率之間的調節關係。「+」代表若是交感神經的活性增加，會加快心跳速率；而「－」代表若是副交感神經的活性增加，就會減緩心跳速率。

但是，連結兩個結構之間的箭頭，實際上所代表的是什麼樣的「機制」呢？加了「+」的箭頭所透露出的訊息是，在這個流程中「交感神經的活性增加，會加快心跳速率」。然而，在「交感神經」與「心跳速率」這兩個名詞之間的箭頭，對於「交感神經的活性增加，就會加快心跳速率」這個流程的細節，也就是那些與「機制」更相關的狀態、能量或訊息之遞變方式，甚或是有無其它結構的參與，在這個矢狀符號裡都得不到進一步的資訊。而經由細胞層級的研究，我們知道交感神經透過釋放在其末梢突觸內的正腎上腺素（norepinephrine），擴散至與其相鄰的竇房結細胞之膜上的腎上腺素受器（adrenergic receptor）結合，影響了竇房結細胞的膜電位之爬升速率，進而提高竇房結細胞的動作電位放電頻率。也就是說，如果我們不滿足於只是以「交感神經的活性增加，會加快心跳速率」這樣的陳述來解釋爲什麼遇到恐怖的事情心跳速率會上升，那麼在「交感神經」跟「心跳速率」之間，就必須要再塞入正腎上腺素、腎上腺素受器這兩個名詞，如圖八所示。

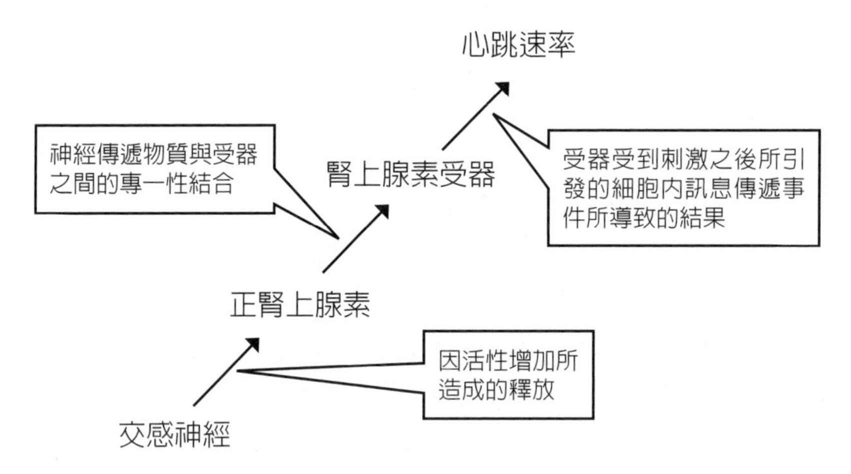

圖八、交感神經系統與心跳速率之間的關係，若擴充成具有三個箭頭的流程，每個箭頭所代表的意義，都與圖七中在交感神經與心跳速率之間的單一箭頭不同。

因此在新的流程中，原先「交感神經」和「心跳速率」之間只有一個箭頭，就會擴充成含有三個箭頭的流程，亦即「交感神經」→「正腎上腺素」→「腎上腺素受器」→「心跳速率」。雖然最終的結論相同，都是「交感神經的活性增加，會加快心跳速率」，但是這三個箭頭所代表的性質卻都與原先的那個單一箭頭不同：「交感神經」跟「正腎上腺素」之間的箭頭代表「因活性增加所造成的釋放」，「正腎上腺素」和「腎上腺素受器」之間的箭頭代表「神經傳遞物質與受器之間的專一性結合」，而「腎上腺素受器」與「心跳速率」之間的箭頭則代表「受器受到刺激之後所引發的細胞內訊息傳遞事件所導致的結果」。這就好像我們想從「台北」到「高雄」，原先規劃好的方式就坐高鐵直達，結果因爲種種曲折的原因，無法以原先所設想的高鐵直達目的地，而是得先坐台鐵到台中，然後再轉搭客運到嘉義，最後再從嘉義換計程車到高雄；雖然最後的起訖點都一樣，但是每段轉乘的過程都有不同的風景與感受。這也就像是在生物學裡，箭頭的意義是浮動的，完全視其橋接的左右事件之性質決定；而「意義」的詮釋，則是以文字、非量化的模糊方式敘述，並且通常含有無嚴格定義的詞句在內。

「文字、非量化」的問題在於隱藏於這個箭頭裡的，通常還有其它未被描述的結構，而這些隱藏的結構也是影響事件發生的關鍵角色。例如在「交感神經」跟「正腎上腺素」之間的箭頭，其實可以再加入突觸裡的鈣離子濃度升降事件[58]，而在「腎上腺素受器」與「心跳速率」之間，則可以把G蛋白所觸發的第二

---

58. 當動作電位傳遞至突觸的細胞膜時，升高的膜電位會促成其膜上受電壓控制的鈣離子通道（voltage-gated Ca^{2+} channel）打開，由於細胞外的鈣離子濃度遠高於細胞內，致使大量鈣離子經由這些開啓的通道流入細胞內，造成突觸內的鈣離子濃度快速上升。而陡然增加的鈣離子與原本就存於突觸內的攜鈣素（calmodulin）結合後，會觸發一連串的催化反應，將突觸內的囊泡（vesicle）牽引至突觸前，並藉由胞吐作用（exocytosis）將囊泡內的神經傳導物質（如此處的正腎上腺素）釋放至突觸裂。

訊息傳遞系統放進去。那些隱藏在箭頭裡的鈣離子濃度升降和G蛋白觸發的訊息傳遞事件，於整個系統的運作來說，都是絕對必要的作用；也就是說，如果這些隱藏的成員浮出成爲流程中的一員，那麼在流程擴充之後的各個新箭頭，所指稱的意義又都會再次改變，而整個流程的說明方式也必須跟著改變。因此以「模糊」的方式敘述，盡量不要著墨那些是否還有其它結構參與的問題，只求語意上的合理性，恰好能夠讓流程的解釋通順即可，就變成生物學在解釋機制時慣用的手法了。

另外，爲什麼說是「無嚴格定義」的詞句呢？以「活性（activity）」這個名詞來說，在「交感神經」與「心跳速率」這兩個名詞之間只有一個箭頭的時候，其意義是「交感神經末梢在單位時間內所能夠釋放出的神經傳遞物質之總量」，但是在「交感神經」跟「正腎上腺素」之間的箭頭裡，其所代表的意義就變成是「交感神經纖維上的動作電位之放電頻率」。這種隨著流程中的成員增加而變換詮釋箭頭的語句內容之現象，其癥結仍在於箭頭裡面到底還隱藏了多少未被描述的結構？就像「活性」一詞的直觀解釋應爲「能夠發揮功用的能力」，但是對於交感神經纖維而言，能夠發揮功用的「能力」指標不只一個，在箭頭的首尾兩端如果標註的事件不同，那麼我們就得以首尾兩端的事件作爲限制條件，選用在這兩個限制條件的區間中，最適合作爲橋接角色的能力指標。

這是生物學在科學實務上很特別的地方，如果我們企圖對某個生命現象作出解釋，就勢必要對流程系統中的成員做適當的篩選，簡化箭頭的數量，最好能夠讓我們所關注的解釋重點與該生命現象有較爲直接的連結。因爲對於生物學所研究的對象來說，生物學家的推理通常是針對手邊的資料盡可能地找出一套「應該合理」的解釋來概括它們，這些解釋擁有很大的彈性空間，可以隨時因爲新數據的加入而修改或擴充；而合理性的認定則受生物學家所能夠理解的物理、化學等自然知識的多寡所左右，常是以類比於某些已知的物理、化學或是其它自然科學的實例來論說，而不必考慮量化的問題。

第四章　生物學的預測能力——箭頭兩端沒有絕對的因果

能夠依據一定的法則，準確預測未發生的事情將來之發生狀態[59]，是自然科學最重要的能力展現；而準確預測的能力之基礎是「量化」，能夠將所研究的事物進行準確的量化，才能夠作客觀的計算與評估。

雖然如第三章所述，生物學的推理與表述是以文字、非量化的模糊敘述來進行，而箭頭的詮釋方式，又與被標註在流程系統中的實體組成之種類有絕對的關係，所以量化是極度困難的。但即便無法窮盡所有參與的結構物以達到精確量化的理想，不過如果能夠盡量地將所有已知的結構物塞入，在現有的能力基礎上做到盡量完備所有細節的鋪陳，再逐箭頭去遞移彼此間的數量關係，那麼在理論上應該還是能夠朝著這個理想多推進一些；即便無法精確量化，但求得一個誤差在可接受範圍內的數值，應該是可能的。可是，爲什麼我們今日所見到的任何生物學教科書，從普通生物學到細胞學、生理學、生態學等，不管是哪個學門的教科書，都不會把所有已知的、參與在某個流程系統中的所有結構物的細節都標註出來呢？

有兩類可能的理由，都算是在研究方法上的缺陷。第一類是箭頭們在組合的過程中，不同箭頭間的實驗條件是否能夠匹配的

59. 這裡的「準確」，指的不只是「發生」或「不發生」這種二元式的判斷，而是「若發生了，會是在哪個時間點？事物會有哪種程度的改變？」這類更細緻的狀態遞變說明。

問題；第二類則是當各個箭頭被組合在一起之後，就無法同時重現每個箭頭的變因控制方式，致使個別箭頭獨立存在時所獲得之推論，不一定能適用在箭頭組合成群後的狀況。

在第一類的問題中，就研究方法的設計而言，以上一章所提到的交感神經串接到心跳速率的流程爲例，只要是有關於心跳速率量測的研究，基本上都必須在完整動物[60]中進行實驗；而對於神經傳遞物質的釋放、細胞膜上的受器功能、細胞內的第二訊息傳遞系統等微觀層級的現象，絕大部分則是在體外培養的細胞、組織或切片等離體系統中進行。除了完整動物和離體系統的差別外，即便都是完整動物，甚至都是在老鼠身上所做的實驗，還是會有老鼠品系、性別、年齡、生長環境等個體層級的差異，就算是離體系統，也是有材料來源的物種、器官、組織、病理狀態等差別；更遑論，每個不同的研究所採用之實驗程序、操作方式、數據分析等技術上的歧異，更是五花八門。也就是說，「交感神經的活性增加，會加快心跳速率」這個事實是在完整動物身上觀察研究出來的，但是「交感神經」和「心跳速率」之間的箭頭如果要塞入「正腎上腺素」、「腎上腺素受器」等名詞去擴充那個箭頭，我們就必須要小心所根據的多個資料來源之實驗條件，彼此之間在材料的種類、研究工具的使用以及數據分析的方法等等各方面，是否可以匹配銜接的問題。

以腎上腺素受器爲例，這一類的受器有多種亞型，各分布在

60. 此處的「完整動物（whole animal）」，指的是實驗材料乃以整隻活體動物爲單位。亦即實驗材料並非將其內器官、組織或細胞自個體分離，單獨於離體的狀態下操作。通常研究的主題若是牽涉到不同器官之間的協同運作，就必須以完整動物爲實驗材料，以求不同器官之間的各種直接與間接之連結關係能完整存在。

不同種類的細胞上，而不同亞型的受器所引起的第二訊息傳遞事件是有差別的，例如 α 亞型是以鈣離子爲第二訊息傳遞者，但 β 亞型則是靠環腺苷單磷酸分子。因此今天若是「『腎上腺素受器』→『心跳速率』」箭頭左側的「腎上腺素受器」之結構與功能的對應關係，並不是全部都來自於心臟竇房結上的節律細胞，而有不少部分是借助於其它種類細胞所得的資訊，那麼關於受體的結構變化和觸動第二訊息傳遞系統之過程，在細節上就可能有對應或銜接上的落差，連帶的影響心跳速率的變化量之預測效果。即便實驗材料是相容的，例如想以同品系老鼠的初代細胞培養（primary cell culture）[61] 所得之新結果，併入植基於同品系的完整動物之箭頭流程中，但完整動物和離體系統之間的本質差異——完整動物是具有複雜迴饋調控機制的系統，而離體的細胞、組織則不受這些迴饋系統的作用——還是會讓流程中的箭頭兩端在數量的銜接上出現難以匹配的問題。這是因爲在單一細胞上看得到的現象，在完整動物中未必能夠呈現，在單一細胞上所量測到的數量關係，在完整動物中也未必同樣依存；同樣地，在完整動物中所觀察到的行爲，通常都是多種細胞協力之後的結果，其機制很難靠單一細胞的功能闡述就獲得解釋。

---

61. 在細胞層級實驗所用的動物細胞，依照其來源的不同基本上可以分成兩類，一是初代細胞培養（primary cell culture），另一則是細胞株（cell line）。初代細胞培養係直接從生物體的特定部位割取組織，經特定程序將組織內的細胞分離後，這些細胞可在體外的環境生存。不過這類細胞通常在體外的培養環境無法存活太久，很容易在短時間的培養後即會自然凋亡。細胞株雖然也是取自生物體的組織，但有些組織的特定細胞可以不斷分裂生長，或是癌化的細胞也具有不斷增生的性質，可以永久培養下去，這些在體外仍具有不斷分裂增生能力的細胞若以純品系的方式培養，就稱爲細胞株。

再以「神經迴路（neural circuit）」爲例。神經科學在發展上大概有兩個算是「平行」的方向，一個是對神經系統的元件「神經細胞」之基礎研究，包括與動作電位發生相關的分子機制、神經傳遞物質的製造與釋放、接受神經傳遞物質刺激的受體與第二訊息傳遞系統的組成與運作、神經細胞的發育機制（包括與突觸新生或消滅有關的事項）這幾個方面。主要都是以單一細胞爲研究主體，除了以離體的神經細胞（細胞株或初代培養）爲材料外，在二十世紀末也進階到以活體腦切片[62]的方式，研究在薄片組織中的神經細胞特性；但研究的標的仍是組織切片中的某一或某幾個鄰近的神經細胞，所以仍然算在單細胞的研究層級。

另一個方向是研究腦組織與行爲控制之間的關係。神經系統在身體的各系統中很特別的地方在於，其結構處並不是功能展現的所在；神經系統的功能只能從身體其它器官組織的表現中看出（如肌肉細胞群的協同收縮或腺體分泌的調節），也因此若要討論「神經迴路」的功能，通常得與「行爲」一起考慮。這部分的研究主要開端於戰爭，二十世紀中葉槍砲大量運用於戰場，產生了許多頭部受創但沒死的傷兵，這些傷兵因爲腦部創傷而出現許多行爲或認知上的異常現象，從此大腦結構中有功能性分區的概念就因這些人的苦難而被發現。由功能性分區這個概念出發，神經科學家後來發展出許多「微創（micro-lesion）」大腦組織的實驗方法，包括利用微電極通導電流所產生的局部熱點去燒灼某些

62. 活體腦切片是將新鮮取得的腦組織，盡速以特殊切片機將特定腦區的組織切成薄片（通常厚度小於 0.5 mm），之後可在浸潤於人工腦脊髓液中進行各種生理實驗。由於腦切片已自完整的腦切割出，脫離完整腦中大部分複雜的迴饋控制干擾，加上薄切片可以置於顯微鏡下做精準的實驗操作，因此可以更聚焦在個別神經元的功能表現之研究。

位置的腦組織（此法會燒毀電極端點附近的神經細胞本體，以及只是別的神經細胞所路過的軸突），或是注射微量毒性物質至腦中某個小範圍的區域，毒殺這個區域內的神經細胞群（而不傷及路過的軸突[63]），再觀察之後腦部結構與行爲控制之間的關係。

在二十世紀中後葉有大量文獻便是以這類微創的技術對大腦（實驗動物的，非人腦）做地毯式的定位工作，亦即以「哪裡被破壞了，哪個功能就不見」的對應方式，來對大腦做更細緻的功能性分區探討；也從這些地毯式的搜索工作，確定了「某項功能僅與大腦中的某些（非單一）特定位置有關」的概念。若再搭配傳統使用神經追蹤劑[64]的解剖學手法，對於這些位置內的神經元彼此之間的連結關係進行探測，倘使得到了實質連結的證據，那麼「神經迴路」的概念就成形了。而近十年來漸趨普及的光遺傳學（optogenetics）刺激法[65]，基本上算是前述微創法的互補版，

---

63. 神經細胞能夠接受化學物質刺激的受體，通常分布在細胞本體與樹突的細胞膜上。而軸突的膜上少有化學性受體的分布，所以毒性化學物質並不會對其產生作用。

64. 神經追蹤劑（neurotracer）是指能夠在生物體內標記特定神經細胞或其傳導途徑的化學染料、放射性物質或是病毒。在動物實驗中，神經追蹤劑通常會注射到特定的腦區或神經途徑中，然後觀察神經細胞在體內的位置和神經纖維的分布狀況。這些染劑作用後的神經影像可以在腦切片後以顯微鏡觀察，有些也可以使用螢光顯微技術在活體的狀況下觀察。根據這些染劑被吸收的位置以及分布的方向性，神經追蹤劑可以分爲順行（anterograde）追蹤劑和逆行（retrograde）追蹤劑兩種類型。順行追蹤劑從細胞本體吸收往軸突傳佈，而逆行追蹤劑可從突觸被吸收而往細胞本體傳佈。

65. 光遺傳學（optogenetics）刺激法爲利用光敏感離子通道蛋白和與特定波長的光照刺激，對神經細胞進行刺激的方法。此法利用基因轉殖技術，將光敏感離子通道蛋白的基因導入目標神經細胞中，在這些被轉殖過的神經細胞膜上表現出這些光敏感離子通道後，便可使用特定波長的光照控制這些光敏感離子通道的開關。不同的光敏感離子通道對特定波長的光照有不同

從微創法消極地看「沒有了，會怎樣？」，進階到光遺傳學刺激法積極的「如果有，會怎樣？」之驗證程序。

在這些與行爲相關的神經迴路之研究中，神經細胞通常被當成是均質化的元件，頂多只是在神經細胞的連結圖示中，加註「＋」、「－」符號在突觸的位置，表明是興奮性（excitatory）或抑制性（inhibitory）的作用；那些在細胞層級的研究中所發現的各種神經細胞內之生理事件，對於整個迴路的架構而言，並不含有特別積極的意義。即便到了現在，這兩個方向的神經科學研究仍然近乎平行的發展，只是偶有枝蔓伸出，在某些點互相勾搭到，例如光遺傳學刺激法已可針對某些種類的神經細胞做專一性的刺激。但是受限於在活體大腦內量測的工具效能不足，再加上神經系統巨量的複雜度——亦即 10^{11} 個神經細胞，加上每個神經細胞可以跟成千上萬個其它神經細胞形成突觸連結，還有迴饋調控隨時環伺在側——造成的不只是量測上的侷限，其它的像是如何呈現、如何敘述，目前也都超出了我們以文字、數字或是圖形表達的能力範圍。所以如果要談論神經科學的流程箭頭，至少要遷就這兩條平行線分成兩部分來談：談神經元群的協同合作，就均質化大部分的神經元；若目標是在細胞層級，就先不管要如何對應行爲。

第二類在研究方法上的缺陷是「控制變因（control variable）」在箭頭組合的過程中，個別箭頭原有的控制方式不僅無法維持，還會生出「因果相依（interdependent relationship）」的問題。

的反應，有些會導致神經元興奮，有些則會抑制神經元的活性；通過調整刺激光源的強度和照射時間，研究者可以精確地控制神經細胞動作電位的產生。

先以較單純的非迴路式的單向流程來說。就實際應用的需求而言，當一根箭頭被畫出來時，那根箭頭在認知上的意義，應該是「因」與「果」關係的確認。也因此，實驗所採行的各種手段，不外乎就分兩種類型，一型是確認箭頭起始端是「因」的實驗，另一型則是確認箭頭矢狀端是「果」的那類實驗。因此在這個過程裡，任何會干擾這根箭頭因果關係驗證工作的物質或環境條件，如果是已知的而且是能控制的，那就盡量使其保持像常數般的穩定；那些已知的但是無法控制的，以及未知的所以無法控制的，就只能通通當作是「雜訊（noise）」，交由統計來決定忽略與否。也就是說，在確認箭頭意義的過程中，無法做到對與箭頭有牽扯之物均不加干涉的客觀觀察，想辦法控制住大部分可能跟箭頭運作有關的東西，是生物學家為了確認箭頭兩端的因果關係之積極作為；積極地將已知的干擾控制住，對未知的干擾積極地以統計作評估，這才有可能在混雜的系統中，釐清一根箭頭的兩端是否有因果關係。

是以對生物學家來說，如果一個生物學的事件牽涉到的箭頭越多越密，那不一定代表能夠更清楚地了解事件的全貌，反而常常進入更撲朔迷離的狀況，因為此時的問題就會從每根箭頭所代表的因果關係，變成「因」的權重問題。例如若有三根箭頭的起始端各為 A、B、C，而其矢狀端都指向 D，那麼對於三根箭頭的「果」D 而言，前面的 A、B、C 都是「因」，但哪個才是「最重要」的因？又例如像是 A → B → C → D 這樣的三根箭頭，A、B、C 都是「果」D 的「因」，但哪個才是「最重要」的因？在談論化學反應的反應機構時，哪一個才是速率決定步驟並無法直接由各基礎反應的樣態直接看出，得真的實驗了才知道；但在生物學裡，誰是「最重要」的因可能更難決定，因為不像速率決定步驟的諸候選程式它們的箭頭意涵都一樣，在上兩例這些 A、B、C、D 之生物學事件間的箭頭，就如第三章所說的，都可能各自擁有其獨特的意義，很難放在一起比較。

而且在生物學的各個箭頭裡，還牽涉到比化學反應的反應機構更複雜的問題。在如 A → B → C → D 這樣一個生物學的單向流程中，流程終、始兩個端點 D、A 以外的中間成分 B 跟 C，都既是位於一個箭頭的左側，也同時位於另一個箭頭的右側，所以既是一個「因」的角色，同時也是另一個「果」的角色。但因爲單獨在確認每根箭頭的存在時，都得盡量控制任何會干擾這個箭頭兩端因果關係判斷的因子，也就等於盡量抑制了在多箭頭的流程中，其它箭頭所代表的變化。因此，當我們把這些個別的箭頭兜攏在一起的時候，就代表不能再去抑制其它箭頭的變化，是以不只那些已知的但是無法控制的、未知的所以無法控制的，仍然繼續雜訊般地干擾，連那些已知的而且是能控制的，都不能再繼續控制。也因爲都不控制了，所以那些位在流程中各箭頭兩端的成分變化，都可能不那麼遵從原先研究箭頭單獨存在時，那樣純粹的「因」與「果」之變化關係。

當個別箭頭所得的數量或是質性關係，不能保證能在多箭頭的流程中仍然以原樣存在時，那麼討論哪一個才是整個流程中最重要的「因」，就成爲一個難以有決定性證據的課題。也因此，在談論多箭頭流程中各箭頭的意義時，只能以更脫離數量的方式去論述，僅著墨在整體遞移關係的合理性[66]，不拘泥於終始兩個

66. 這裡的「合理性」指的是一些在科學社群中大家都習慣接受的一般性原則，例如化約式的論述、負迴饋式的調控、以結構的互補性說明酶與受質或是受體和配體之間的作用，也常上綱到演化的層次，以有利於生存競爭的角度，詮釋各箭頭的串聯。

端點所夾的流程中，原先各箭頭於獨立存在時的因果關係之維持條件。但即便做了這樣的退讓，還是會遇到更麻煩的情況：若是連箭頭兩端的東西都是可置換的，那麼各箭頭間的因果關係之說明，就更加浮動難定了。

還是以神經系統的運作爲例。通常在談到神經系統中的訊息傳遞路徑時，不管是用 neural circuit（迴路）或是 neural network（網路）來代表，基本上就是個固定路線的概念。不過這兩個名詞在使用習慣上仍有分別，用「circuit」通常是解剖方面的工作，在實驗證據上，是在可以看到兩處的神經細胞間有「實質」連結關係的圖像後，所推論出來的路徑；而「network」比較偏向生理方面的工作，通常以其活性表現（如動作電位的放電頻率），在彼此之間是否有時間上的先後相關性來推論，但無法確認其實體連結的方式是緊鄰或是隔了好幾個神經元（因爲神經元的電訊號，在細胞外相隔幾個細胞的距離遠還能記錄得到）。但即便 neural network 是個網路型態的概念，在這個網路之中，總是可以從中挑出某條由頭至尾相連的環狀路線，只不過在頭尾之間會有某些岔路變化的可能。就像是環島的省道公路網，從台北出發到屏東，這中間你可以組合出好幾種路線，不同路線所經過的城鎮會不一樣；也就是說，「網路」還是植基在「迴路」上。

所以如果一個行爲牽涉到一個神經迴路，那麼這個行爲該如何進行，就意味著是由這個迴路中的某個或某幾個組成神經元下了關鍵的指令；即便擴充到「網路」的概念，一個行爲是由交錯的多個迴路所形成的網路所控制，同樣的，這個行爲該如何進行，也一定由這個網路中的某個或某幾個組成神經元下了關鍵的指令。在這個算是「理所當然」的想法之下，神經科學家做了大量地毯式的定位工作，不管是神經解剖或是電生理上的努力，包括最近的光遺傳學的方法，都是想蒐集「到底哪些神經元跟這個事件有關」的完整資訊，好據以架構出一個（或幾個交錯的）迴路；得先把迴路中的成員都確定了，才能進一步有效解析神經元到底是以什麼樣的動態活性去控制行為。但是，神經迴路中的神經元成員都是固定的嗎？就現在我們所看到的證據來說，那也是個動態變化的東西，因為突觸是個可生可滅的結構，所以一個迴路中的成員是可能變換的；即便成員都沒有變，但因為其它交錯在附近的迴路新生了突觸連結過來，產生了新的加成作用，所以迴路中成員的放電頻率也未必對相同的刺激都做一樣的反應，實質上說來也就等於置換了一個新的神經元。而當迴路中的成員是動態變化的，那麼「迴路」這個概念還有用嗎？還會是字面上那個「固定路線」的意義嗎？

近二十年來，由於大量記錄神經元電生理活性的方法越來越進步，有些異於之前植基在地毯式定位工作的迴路或網路的想法開始出現，「神經元群集（neuronal ensemble）」的概念是個例子。特別最近因為螢光染劑的方法越來越成熟，即便是在老鼠大腦皮層中的某個小區域內，可以同時取得的神經元活性影像之個數常常動輒上千[67]；在一個腦區內取得大量密集的神經元訊號，就更難去確認神經元間彼此明確的迴路關係。是以「神經元群集」的分析法，在可以同時取得大量神經元訊號的研究中，益發地普及。

雖然「神經元群集」通常是在大量記錄的研究中會使用的分

67. 這些螢光染劑的螢光強度通常都是跟鈣離子濃度或是膜電位變化有關，也因此可以作為觀測腦區中，神經細胞的電生理活性指標。

析方式，但神經元的數目到底要超過多少才算「大量」？現階段並沒有明確的定義。例如同時在猴子的大腦皮層中埋設 100 根電極，每根電極可解析出 3 ～ 4 顆神經元的電訊號，那麼這 300 ～ 400 顆神經元對某個事件的反應就適用「神經元群集」的分析。但老鼠通常沒辦法同時埋殖那麼多根電極，同時可取得的神經元數目可能只有 20 ～ 30 顆，不過在實務上也會採用「神經元群集」來分析。甚至，每一次的外部刺激只能取得少數幾顆神經元的反應訊號，但是累積多次同樣刺激下的神經元反應之後，再將不同時間點刺激所得的所有神經元反應訊號拿來一起分析，也是一種另類的「神經元群集」；例如，雖然只能記錄到 5 顆老鼠大腦皮層中與尾巴感覺區域有關的神經元訊號，但若以同樣的熱刺激在不同時間點刺激老鼠的尾巴十次，便可以取得十次熱刺激下，累計 50 顆次的神經元反應。

那這些「大量」的神經元群該怎麼進行群集分析？因爲問題的癥結在於，我們不知道這些被記錄到的神經元群成員間彼此是否有實質的連結關係，也不知道這些神經元群中的哪些成員跟所欲觀察的現象才是眞的有所關聯，在這些都未知的狀況下，乾脆就把所有記錄到的神經元都拿來當作分析的對象；也正因爲無法挑選哪些神經元才是應該分析的對象，那麼就乾脆改成挑選演算法，看看以那種模式的演算法去組合所有神經元群的資訊，可以得到跟所欲觀察的現象最大的關聯性。也就是說，對於大量記錄到的神經元群訊號，我們是在不知道眞正神經元群體活動是如何運作的狀態下，建構了神經元集體運作的模式；所用的建構方法可以是最簡單的「線性加成」，也可以引進各種複雜的非線性模式。

但應該要選用什麼樣的模式，通常並沒有什麼生物學上的理由。像是選用「線性加成」的方式，其眞實理由可能純粹只是「數學上的方便」——不僅計算方便，在解釋上也可以直接用平均值的想法帶過。但問題是，「平均值」照理說應該是多個屬性一樣的個體之代表性數值，但神經科學家們明知道所記錄到的各個神經元之屬性可能大不相同，但還是先計算了再說；某種程度算是在賭運氣，若是眞出現了不錯的結果（通常是指可以看出與欲探討事件之間有相關性），就可以直接以「線性加成」的數學定義，來詮釋所記錄到的大腦區域內神經元之間的整合方式。

若是線性加成無法奏效，反正我們對於所記錄到的神經元之細節幾近一無所知（除了所在腦區的「大概」位置之外），那要用什麼模式來取代，就再賭運氣般的試試別種看看。當然我們可以根據一些很基本、植基於對神經系統的了解做些改善，例如同樣是線性相加，但是不要一視同仁，不同的神經元給些不同的權重；不過要如何訂出權重？那又是另一個「數學上」的問題，或許找些統計假設作爲依據，但無法有更多的生物學證據去給出權重的標準。換個方式來說，就是因爲神經元群集分析的建構方式，通常不是依據已有的生物學證據來打造，而是基於數學處理的方便性（或加上一點點對於神經系統運作的「想像」）爲發想開端，所以就算得到了與相對應的行爲很好的關聯性，對於神經系統「實際」的結構間如何連結、訊息如何流轉，能夠提供的建議仍然有限。

然而，這種做法即便沒有「猜中」眞實的機制，但是在醫療上，特別是腦機介面[68]的工程發展上卻非常有用、非常契合「演

68. 這裡的腦機介面（brain-machine interface）指的是包含殖入到人體或動物

算法」的精神：只要程式中的參數調整得當，能夠從大量的神經記錄中整合出適合的代表值作爲輸出指令，把機械控制到剛好可以完成想要的動作，那就是夠好的演算法。也可以說，因爲目前的記錄工具無法擷取所有與標的行爲相關的神經元訊息，實務上我們只能在僅有部分掌握、僅憑部分線索之下從事分析，所以只能以數學模式替代那些無法同時記錄到的神經元；而這樣的神經元群體活性分析，雖然可以組織實驗數據並推測腦區間因互動而突現的系統性質，但這個混雜著生物訊號與數學模式的神經運作之推理，說的並不是眞實結構的故事，所以無法發揮像是前面所提到的「模塊」那樣的功能。

回到本章一開頭的「預測」。因爲上述那兩類在研究方法上難以解決的缺陷，因此對於生物學課題的「因」、「果」之間的量化關係便難以眞確的計算，以致於無法從量化的關係中理出可供預測的法則。是以雖然在生物學裡面偶也使用「理論（theory）」、「模型（model）」這兩種「具有預測能力」的名詞，但就生物學的發展來說，使用「基礎架構（infrastructure）」以及「套件（kit）」這兩種「在既有的脈絡中思考塡充題的解答」之概念來分別替代「理論」與「模型」，會是比較接近研究實務的說法。

腦中的電極，以及可以將擷取出的電位訊號轉換成爲可以控制體外機電設備的指令之系統。雖然任一行爲的完成所牽涉到的腦區與神經元數目均是難以掌握的龐大數量，要同時記錄許多不同腦區中的大量神經元是不合理的目標，因爲目前所能使用的電極尺寸及埋殖方法均限制了能記錄到的神經元數目。不過，如果目標修正爲記錄腦中數個區域中具統計意義的神經元數目則是可行的，因爲我們所需要記錄的神經元數目可降低到目前技術可及之數量。在之前一個對猴子的實驗中，在與猴子手臂運動相關的成千上萬個神經元中隨機記錄到 50 至 100 個神經元訊號，就能執行「腦機介面」該做的工作，亦即驅動機械手臂與猴子的手臂同步動作。

「理論」的出現，通常是因爲我們對於所要探討的對象之性質雖然所知不少，但還是在許多關鍵點無法透徹時，便以想像化的條件彌補現實所知之不足，好建立個可以給出新問題、並導引新問題解答方向的體系。而「基礎架構」則是只著重在將已知的事情做整合性的敘述，不做超出現有知識之臆測，目的僅止於方便研究者對同類型課題之全貌的掌握。像是「神經元跟神經元之間以突觸連結，若突觸是屬於化學性突觸，就代表突觸前神經元（presynaptic neuron）神經軸突的末梢會因爲動作電位的作用而分泌神經傳遞物質；突觸後神經元（postsynaptic neuron）的細胞膜上會有相對應的受體接受神經傳遞物質的刺激，引發突觸後神經元產生興奮性（excitatory postsynaptic potential, EPSP）或抑制性（inhibitory postsynaptic potential, IPSP）的突觸後電位。」以上這段話，算是在談論「跨神經元的訊息傳導」之「基礎架構」。

「模型」在生物學上，通常是在對研究的對象無法完全操控，甚至連其定義都無法描述清楚的時候，所借助來將問題簡化的框架（通常採用「忽略某些」、「固定某些」等方式），可供某些有限的已知條件輸入，據以得到對現實的預測。但對於大部分已經在「基礎架構」中各安其位的組成角色而言，其角色位階在這個架構中已經被大致框定，其所擔綱的功能也在架構中被大概界定了，也因此盡可能地在已知的模塊中找到可以類比的箭頭或箭頭群（亦即此處所謂的「套件」之概念），循著這些套件的模式以取得解決問題的方向，會是在現實上較有效率的做法。

例如在上述那個「跨神經元的訊息傳導」之「基礎架構」下，關於突觸後神經元中，哪種受體對應哪種神經傳遞物質？哪些受體是屬於離子通道式的或是 G 蛋白耦合式的？受體引發的 EPSP

或 IPSP 是透過哪種類型的離子通道？除了 EPSP 或 IPSP 以外，受體有沒有引發其它訊息分子的增生而影響進一步的細胞內反應？以上這些都算是「套件」式的問題；亦即，這些問題並不是專屬於神經科學的，任何細胞都可能受到外部的化學分子刺激而產生相對的反應，差別只在受體種類、第二訊息傳遞因子、接受訊息因子刺激的作用分子等包裹在「刺激→受體→訊息傳遞因子→作用分子」這個可以適用到任何細胞的「套件」中的成員找誰來擔綱而已。

在《赫遜河畔談中國歷史》一書中，作者黃仁宇先生於討論《周禮》時寫過一段話：

> 「我們今日以長時間遠距離的姿態觀測，《周禮》確在很多地方表現當時行政的精髓。其實際作者是誰無關宏旨。倒是王畿千里外有九服的一種觀念，卻只用書中一兩句話，就已解釋得明白。其癥結則是中國的中央權力，在技術尚未展開之際，就先要組織千萬軍民，所以只好先造成理想的數學公式，向下籠罩著過去，很多地方依賴理解能力，不待詳細的實地經驗。」[69]

生物學基本上遇到的也是類似的問題。雖然生物學家一直努力把物理、化學的方法和工具帶進生物學的研究裡來，並且積極嘗試建立如物理學般的邏輯推理形式，可是長久以來的努力，製造出的大量數據多只能供統計檢定使用，無法眞正達到量化因果關係的要求。因爲我們在大批變化的數據中，無法找到眞正的代表值，所有形式的平均值只不過是一種非實際的抽象概念而已。

---

69. 本段出自於《赫遜河畔談中國歷史》該書第 33~34 頁，1989 年版，時報文化出版。

第五章　綜覽生命——完整的生命歷程是可解析的嗎？

生命可以多精彩？如果不談宗教的教義或是「意義」這樣的人文省思，專就生物體自然的生命歷程來說，雖然所有的生物體自然存活的時間長短頗爲懸殊，但絕大多數的多細胞生物一定都會歷經從胚胎發育到具有生殖能力的個體之過程，然後在完成生殖行爲之後，便逐漸衰老而終死亡。顯然在生物體的生理運作過程中，一定有某些共同的機制，促成各種結構迥異的生物體，共享類似歷程的生命樣態。

但這個生命歷程要如何解析？

對於生命歷程這個隨著時間的延伸而變化身體結構的課題，我們可以分成兩個方面來思考。一個是儲存於核酸分子中的遺傳訊息，如何隨著時間的推進，有次序地表現出各階段該有的蛋白質產物？而且這些基因的表現次序，可以在極大程度上不受環境變化的干擾，就像如果不考慮遺傳缺陷、外傷或是感染類疾病所造成的影響，所有人類不論膚色、種族、生存環境的地域特性、飲食條件等差異，其個體發育的樣態，包括從胚胎到嬰兒至兒童而躍入到青春期的各階段，在成長的進程上、各時期該有的體內外特徵，都顯示出具有相當一致的共通性。這樣的共通性就意味著，人體從一顆受精卵開始就有一套可以大幅對抗環境變化的穩定成長機制，而且這套維持穩定成長的機制也會隨著個體的成長而演變，以確保一系列跟成長有關的蛋白質能夠不受環境影響，僅隨著時間的推進而有序地次第表現。

雖然生物體有個不受環境影響的身體發育主軸，不過生物體的體軀樣貌還是有相當多的部分是因著環境的變化而變化；若摒除病變類的傷害所造成的改變，這些因應環境的變化所導致的身體結構改變雖然無法遺傳，但是可以暫時、也可能永久地留存在生物體身上[70]，並改變生物體許多生命的表現方式。因此第二個跟生命歷程有關的課題便是：生物體的結構如何應對外部因素的影響？亦即了解這些可以被環境形塑的身體組織，是如何留住這些形塑後的局部改變，並且重新協調身體各部分的運作方式，去適應這形塑後的局部改變。

不管是體內自控的發育成長或是外部因素造成的變化，只要是身體結構有改變，問題的答案若推到最源頭，還是一定會落到基因表現的調控問題上；畢竟只要牽涉到結構的實質改變，一定會有新生成的蛋白質出現，不管其角色是酶、受體、激素或是結構蛋白。所以將解答的方向朝向基因表現的調控機制，這不管是面對體內或外部的問題，都一定是個正確的解題方向。而雖然骨骼、肌肉、免疫、神經等器官組織都可以接受環境的形塑而產生暫時或永久的結構變化，不過若是要進一步談到協調身體各部分的重新適應，那麼神經系統的角色就是關鍵了。也因此在談到研究生命歷程的第二個問題時，解碼神經系統的運作模式便成爲主要的方向。但不管是基因表現的調控或是神經系統的動態變化，若希望達到的研究深度，是能夠全面性地觸及到與生命發展歷程有關的所有生理機制，那麼該有的基礎工作之準備就不可避免。

---

70. 例如各種經由後天學習所得之記憶（與腦中神經元群的連結之結構有關）會影響生物體的各種外在表現；又如職業運動員的體格、經常在烈日下打赤膊工作的人的膚色、長年打赤腳在田裡工作的農夫的腳掌皮膚，也都會跟一般人的體格、膚色、腳掌皮膚有長期的差異。

若要研究關於生命歷程中所有基因表現的控制問題，該有的基礎工作是什麼呢？科學界的具體行動顯示了將細胞內所有遺傳分子的核苷酸序列全部解碼，是首要、也是最基本的資料庫建置工作，而美國在 1988 年所推動的「人類基因體計畫（Human Genome Project）」，就是基於這樣的需求所發動的計畫。人類基因體計畫的主要目標是解析出人類基因體中多達 30 億對由核苷酸（nucleotide）聚合的 DNA 鹼基對（base pair）之組成序列，而除了這個主要目標外，在這個龐大的定序過程中，一定也會連帶刺激許多跟定序、純化、分析有關的新技術出現，從而創造出一個全新的市場商機。於今日回顧整個基因體計畫的成果，也確實成績斐然，不只解碼出來的全基因序列衍生出許多嶄新的科學應用領域，而在技術層面上，也的確促成核酸分子的快速定序與快速分析、蛋白質分子的快速偵測與分類等新工具的產生，讓全基因分析變成是個例行的技術，也創造了許多活躍的新商機[71]。

而在基因體計畫成功的激勵之下，2013 年美國總統歐巴馬親自宣布將結合政府與民間的力量推動「腦啓動計畫（Brain

71. 美國在 1988 年推動「人類基因體計畫」，這個計畫的目標是解讀出人類基因體中所有 DNA 的核苷酸組成序列。這個長達 30 億個鹼基對的解碼工作在 15 年期間，美國聯邦政府共投資約 38 億美元（約新臺幣 1140 億元）。根據 2013 年 4 月 2 日美國總統歐巴馬在白宮宣布腦啓動計畫這場演講中所提到的，美國在人類基因體計畫中每投入 1 美元，就爲美國的經濟創造出 140 美元的價值。這個 1:140 的產值，建立在執行期間，所發展出來的基因定序技術相關之軟、硬體設備，與所促成的新式生醫檢測與生物晶片等產業。也因爲生物資訊學的發展，增進了生物醫學各方面基礎研究的腳步，大大裨益了疾病病理機制的了解與治療方法的創新，甚至促成了個人化精準醫療的產生。隨著 2015 年，歐巴馬在國情咨文中所提出的精準醫學啓動計畫（Precision Medicine Initiative），這個在 1988 年開始的科學投資，仍會持續擴充它的產值與影響層面。

Research through Advancing Innovative Neurotechnologies, BRAIN Initiative）」。而「BRAIN」這個大型計畫的目標包括：辨識腦中不同種類神經元的功能、建立腦中神經網路的連結圖譜、記錄腦中大批神經元在行為及認知狀態下的活性、建立腦中神經元群活性與行為及認知功能間的因果關係，並希望經由這些基礎研究，找出腦功能運作的基本原理，了解神經活性如何轉變為認知、情緒和行為，並推展至與人腦有關的疾病之治療與預防[72]。這幾個目標基本上都與基因體計畫的精神一致，均不是以某一類疾病的治療，或某一項生理功能的闡述為目的，而是將重點放在以新技術的發展，建立全新、全面的探勘方法，希望能以此為基礎，發展對生命運作之新的詮釋方式[73]。

這兩個計畫的執行，其實也為解析生命歷程的體內自控與外部影響這兩個問題，提供了基礎的材料與配備。只稱「基礎」，是因為雖然「基因體」與「BRAIN」計畫的確龐大複雜、野心十足，然而就了解生命完整的運作邏輯而言，僅僅解析出詳細的組成成分，對於解釋生命的動態運作來說，仍只是屬於鋪路的工作而已。

以基因體計畫為例，在考慮人類體內所能夠製造出來的蛋

---

72. 此為 2014 年 6 月，美國國家衛生院所公布的「BRAIN 2025」白皮書中所提出的計畫目標。

73. 因為一般說來，以某項特定疾病或生理現象為標的之研究，所強調之重點會是如何應用已有的科學工具，去闡述某些新的觀點或是挖掘新發現、製造某些新的產品；這樣的研究其影響層面通常是侷限的，僅會增加某些領域的知識，或是在某個產業創造出不錯的產值。而像基因體或是腦啓動計畫，這類以技術和資料庫發展為目的之計畫，因為能提供解答各種問題的新工具，所以影響的層面和累積的價值，就遠超過那些「問一個（類）專門問題」的科學計畫了。

白質種類時，若是每個都要對應到染色體 DNA 上的一段獨立序列，那光是考慮抗體與受體這些蛋白質產物的種類，其所需要對應的 DNA 鹼基對的數量就會超過了現有的 30 億對。此外，生物體內除了四種巨分子（蛋白質、醣類、脂質、核酸）之外，還有諸多種類的小分子與離子。這些各式各樣大小分子與離子的結構、出現時間、分布位置與含量的差異，造就了每個生物體的獨特性。那，生物體需要把「各種大小分子與離子的結構、出現時間、分布位置與含量」全部都記錄在細胞內的遺傳物質上嗎？即便只是記錄蛋白質，那除了蛋白質的結構外，每一種蛋白質要在何時、何處以多少數量表現等資訊，都需要鉅細靡遺的記錄在遺傳物質內嗎？如果需要，這麼龐大的資訊量要如何完整地塞進數量有限的 DNA 內？如果不需要，那沒被記錄到的部分，需要搭配什麼樣的機制，才能確保它們可以在正確的時地以正確的數量表現出來？更何況，如果要細數的話，那些存在我們身體裡面，與我們共生共存的微生物群，也是我們生命歷程中不可或缺的參與者，那麼，這些微生物的資訊又該記錄在哪裡？

以上這些，都不是解構出基因體的所有鹼基對序列之後就能夠回答的問題。

而 BRAIN 計畫若成功執行達標了，其後續所需要回答的問題又會比基因體計畫更複雜。一個生物體的所有體細胞內之 DNA 組成有其穩定性，除卻一些特殊的病理、生理狀況外，基本上從胚胎到成熟老死，終其一生這些負責記載遺傳訊息的 DAN 分子之鹼基對序列並不會改變；而就同種的所有個體來說，這些不同生物體內的 DNA 組成也具有相當接近的一致性。可以說，有關於基因體的研究是在一個靜態的材料上進行，而且不同個體間的結果在比較上，也有個穩定的結構基礎可資使用。但就神經系統的結構來說，作爲主要成員的神經元之個數是浮動的、神經元跟神經元之間的連結關係是浮動的、神經元跟其它器官組織的連結關係也是浮動的；這些「浮動」的不確定性，不僅來自於隨著時間的推進而發生的自然演變（如老化），也可能是在某個時間點因爲外部環境的刺激而突然發生（例如一見鍾情的驚艷記憶）。因此就神經系統這麼高度動態變化其結構的特性來說，每一次的實驗，面對的都可以算是一個獨立的新結構，不若 DNA 分子在遺傳結構之研究那樣，有個穩定且靜態的比較基礎。而且上述所提到的「浮動」，還不包括神經系統內數量爲神經元十倍以上的神經膠細胞（neuroglia）的參與；若考慮神經膠細胞對於神經元運作的影響，包括在營養、免疫、突觸傳導等各方面，那麼這個龐大的浮動系統就呈現更加難以掌握的浮動了。

若由「浮動」這個面向來看，也就可以理解 BRAIN 計畫爲什麼要強調「advancing innovative neurotechnologies」的原因，亦即藉由鼓勵更全面、量測能力更強的新工具發展，期待將來可以有效的探勘不斷浮動變化結構的神經系統。但這兩個解構生命組成的大型計畫除了上述那些本質性的問題之外，在研究使用的方法上還有個更根本的問題是，這兩者在解題時所運用的策略，基本上仍然是屬於「化約論（reductionism）」的做法。事實上，不只這兩個計畫，化約思惟一直是生物學在研究方法上的主流依據，這只要翻翻現代所有生物學領域內的各種教科書即可得知；基本上，在現代只要是生物學相關的教科書，於一開始的幾個章節一定會提到像是原子、分子、聚合物巨分子這些組成材料的介紹，然後再進階到細胞內的胞器之功能，之後才會進展到該談的主題。

化約論思維的主軸在於任何複雜的事物都可以拆解成一些較簡單的組成成分，而複雜的性質都是這些較簡單的組成依循著自然法則所融構而出的；亦即如果我們能夠找到方法將複雜的事物的簡單成分拆解出，那麼複雜現象就可以使用那些比較簡單的組成之間的互動來解釋。以化約論的觀點爲基礎的研究策略，的確帶給現代的科學（包括生物學）相當大的進展，但是在實務上，化約論還是存有不少缺點，例如「突現（emergence）」。「突現」是指各個組成的成分在聚融成新的實體後，這個新形成的實體所具有的某些性質，不僅是原先各組成成分所沒有的，而且這些新的性質也無法以其組成成分的特性來說明。就像化學上的例子，即便我們再怎麼清楚碳、氫這兩種原子的性質，都不足以解釋這兩種原子組合成的甲烷分子爲什麼容易閃燃，甚至是易於爆炸的氣體；而在生物體內，即便我們對於單顆細胞的性質都非常了解了，還是很難據以推論出由一大堆細胞組成的人跟老鼠，爲什麼正常血壓的收縮壓都會落在 120 毫米汞柱左右[74]？

而生物學在使用化約的方式討論時，還有一個麻煩的困難是，到底要「化」成幾個「約」？

以上面提到的「血壓」爲例，在生理學的教科書裡談到血壓的控制時，通常會將「血壓」這個物理量拆解成兩個次級的物理量之乘積，一個是「心輸出量（cardiac output）」，另一個是「總周邊阻力（total peripheral resistance）」。透過這樣的拆解，血壓這個物理上的概念，就可以跟生物體的實際結構「心臟」與

---

74. 這裡的血壓指的是動脈壓。不過，雖然人跟老鼠的動脈壓相近，但是心跳速率卻極爲懸殊，一般成年人在休息狀態的心跳速率約在每分鐘 70 次上下，但大鼠（rat）的心跳速率卻可達每分鐘 300 次以上，小鼠（mouse）更可高達每分鐘 600 次以上。

「血管」這兩大類器官產生連結，使血壓這個名詞不再只是個單純的物理量，而是可以與生物體結構產生實際連結的概念。「心輸出量」顧名思義，指的是心臟在單位時間內能夠輸出到動脈管的血液量，因爲量測上的方便起見，通常是以「分鐘」這個時間單位作爲計算的基準。因此「心輸出量」這個物理量，在數學上又可以拆解成兩個物理量的乘積，一個是「心跳速率（heart rate）」，另一個則是「心博量（stroke volume）」。拆解至此，關於血壓調控於「心輸出量」這個層面，到了這個階段就完全可以落實到生物體實際結構的討論了：「心跳速率」就看心臟在一分鐘之內收縮了幾次，而「心搏量」則可以藉由每次心室在收縮期間的體積變化換算得知。

「總周邊阻力」指的是血液在血管系統內流動所受到的阻滯力量。能夠影響這個力量的因子，包含了血管的結構與血管內所容納的血液之黏滯性質。相對於「心輸出量」只是心臟這個單一器官所產生的參數，「總周邊阻力」所牽涉到的器官與組織就複雜多了：在血管的部分包括動脈、靜脈、微血管；血液的部分至少可以分成充氧血與缺氧血。雖然說有動脈、靜脈、微血管以及在這些管子內流動的血液，眞要分析起來非常複雜麻煩，但是如果我們把問題限縮在「短時間」（通常指不滿一分鐘，但有時也可以指不滿一小時的狀況）內的血壓調控機制之探討，問題就可以單純些。因爲血管的管壁組成、血液的黏滯程度在這麼短的時間內不至於會有明顯的變化，只有動脈管的管徑才會在短時間內改變，並對周邊阻力產生顯著的影響，也因此在討論短時間內的「總周邊阻力」的時候，問題就可以限縮到只需要探討有哪些因素可以影響動脈管徑的變化。不過，光是「動脈」，就有主動脈、肺動脈、穿進各個器官的分枝動脈，以及在器官內部到處佈線的小動脈等；這些動脈各受不同交感神經元的神經纖維（少部分由副交感神經之纖維）控制，而且各個分枝動脈與小動脈，其所在器官內的微環境之局部化學因子，對其管徑的影響也很大。也因此在我們想以化約式的方法探討血壓控制時，到底該「化」到多細節式的「約」，就是一個浮動的問題了。

我們也可以從一個類比的情境來思考到底要「化」成幾個「約」的問題：如果地球上忽然又發現有一個從來沒有為人所知的國家，我們不知道這個國家有多少人民、也不懂他們所說的語言、所用的文字，甚至也不清楚這個國家的地理環境，那麼，我們該如何與這個國家的人民相處？在第一時間一定很難決定採用哪一種模式，大概得要找幾個人先慢慢地溝通，嘗試著推敲出這個國家人民的習慣、了解他們所用的語言文字，等到這種個別的資料累積到一定的程度，才有辦法歸納出一些初步的了解；然後再根據這些初步的了解擴大接觸的人數、深入國境內更多的區域，累積到更多的資訊，逐步架構出對這個國家更完整的印象。

神經科學或是基因體研究目前所遇到的問題也是如此，句型就像是：「對於像神經這種組成成員龐大且混雜的系統，到底要對其組成成員了解多少之後，才足以架構出一個說明其群體運作的『理論』」？

如果「理論」是個可以給出問題、並導引問題解答方向的體系架構，那麼在海兔（Aplysia）的記憶之神經迴路系統被探索之後[75]，「關於記憶與學習的課題，都是透過形成一套神經迴路

75. 關於海兔的詳細介紹可見：Moroz, Leonid L. "Aplysia." Current Biology 21.2 (2011): R60-R61。關於海兔在記憶學習上的研究，可見下文的介紹：Roberts, Adam C., and David L. Glanzman. "Learning in Aplysia: looking at

來控制的」，或許可以說是關於「記憶與學習」相關神經機制的「大」理論；依據這個理論，顯然有很多事情就可以拉出來作，像是「既然是迴路，就代表神經元之間有組串的連結關係」，那麼，光解析這些連結的形成與消失，就是個沒完沒了的神經科學實務課題了。只不過這樣的「理論」乍看之下像一回事，但是就像剛剛所提到那個陌生國度的問題，即便我們都還沒有接觸過那個國家，是不是也可以提出「所有這個國家內的政治經濟活動，都是透過人與人之間的互動來表現的」這樣的「理論」？也就是說，即便那些海兔的經典實驗沒有出現，這樣「理所當然」的理論也一定會出現；甚至我們也可以說，是這樣「自然而然」的理論指導了那些經典實驗設計的初衷（實驗設計者未必會這樣自覺）。

不過神經系統是個奇特的生理系統，它存在的目的是爲了調節別的系統；也就是說，即便它以神經迴路來執行功能，但因爲那個功能的展現需要搭配別的器官系統，也因此那些迴路構成的樣態也「理所當然」的因搭配的器官不同而迥異，很難以一種模式就放諸四海而皆準。可以放諸四海的，是神經細胞動作電位的產生方式、突觸傳導的架構、或者是神經與作用器官之間的連結方式，這類有關於「元件（component）」層級的了解，也就是在第一章所提到的「模塊」概念。然而就像是我們可以了解一個人的表情跟他說話語意之間的關係，但是同時有十個人聚在一起說話的時候，每個人的表情跟語意之間的關係就不只是個人的問題了，還跟他身旁的九個人有關。這也是神經迴路在「系統」層

---

synaptic plasticity from both sides." Trends in Neurosciences 26.12 (2003): 662-670.

級的難題，亦即就算對組成的每一個神經元很了解了，但是當神經元之間複雜地連接了以後，如何以迴路中的一個成員之身分來運作，只靠對一顆顆神經元個別的了解仍然是不夠的。例如許多神經元會有自發性放電的特性，但是在迴路中其自發性放電的頻率就會受到其它成員的影響，與單獨存在時不同。所以，神經系統個別的組成成員可以有個代表性的「理論」，但若對群體的運作方式硬要找出代表性的理論，那個「理論」對研究的實際指導效力會是極其有限的。

此外在處理生命歷程這樣龐大的課題時，一些與結構很難明確對應到關係的生命現象，是個更難處理的對象，例如，在談到「認知（cognition）」這個層次的問題時。因爲「認知」比起第一章所提到的「痛覺」又更難定義與描述；「認知」不像痛覺還勉強說一定可以找到個受傷害（或發生異常）的起源結構，「認知」甚至連可以與之對應的行爲動作都不一定有。也因此「認知」在研究上，就迴異於大部分的生物學課題，而比較需要「模型」的協助，特別是在人類以外的實驗動物研究上。對人來說，即便心智活動只在內心裡吶喊而沒有任何外露的行爲，但因爲在心裡還是有個「聲音」、這個聲音在實驗設計中還是可以被確認它的陳述內容，所以人類心智活動的神經基礎可以是個明確研究的課題。但老鼠的心智活動若沒有特定的行爲以資對應，牠們又不會說出腦中的聲音，因此研究老鼠純粹的「心智活動」之研究，就變成了一個面對「虛空」的研究，一個不曉得什麼是「果」的研究。

實務上，「模型」的存在價值還是得靠其對於現實的預測之準確程度來判定，而一談到「準確程度」，免不了就又回到需要找個與結構相關的改變量來與之對應。即便以「老鼠跑迷宮所需要花費的時間」作爲模型中的實驗架構，內涵上，還是一種與結構（老鼠這個個體）相關的改變量（運動路徑與運動速度的比值）。是以目前所能做的認知研究，有相當大的部分（特別是人以外的動物）都只是與維持生命的基本需求相關之「認知」，因爲這種層次的「認知」比較容易有可量測的表現與之對應。總括來說，「認知」的研究之困難點就在於神經系統存在的目的是爲了調節別的系統，也因此它的功能是彰顯在別的系統的活動上；換句話說，我們是根據別的系統的活動樣態來「分類」神經系統的活動。是以，如果沒有個可以實際觀察到的指標以資對應，那麼，即便記錄了腦袋中全部神經元的放電頻率，依然不知道要解析的迴路是什麼。

既然「化約」在生物學的應用會遇到諸多困難，那爲什麼生物學的研究仍舊普遍採用這樣的進行模式？

如果從生物學知識的鋪陳，是以「箭頭」爲主的流程化表達來看，那麼「化約」就不是問題。「化約」對生物學來說，最主要的功能是產出了各種被列在箭頭左端的東西（亦即那些被稱作是「因」的品項），但正因爲箭頭從左端指向右端的解釋過程中，會有第三章跟第四章所提到的諸多問題，是以在科學實務上，如果我們企圖對某種生命現象作出解釋，就勢必要對流程系統中的成員做嚴格的篩選。基本原則是「擇要使用」——盡量簡化箭頭的數量，好讓我們所關注的重點能夠處在最明顯的位置。這並不是什麼粉飾太平的作法，也不算是蓄意隱瞞什麼已知的科學事實，而是，讓每根箭頭都代表一個無須多說也無法多說的黑盒子，把焦點關注在箭頭起點的輸入端以及箭頭終點的輸出端；

如果我們在意的是交感神經的活性加倍之後，心跳速率會增加多少倍這類的問題，那麼，那些正腎上腺素、腎上腺素受器的作用機制等細節就讓它們被關在黑盒子裡面，我們只需要專注在輸入端與輸出端的數據收集，然後以統計的方式來表述結果即可。像是在實務上，新藥開發過程中的人體臨床試驗，正是這種僅專注在輸入端與輸出端的數據收集之典型例子[76]，而這樣「擇要使用」的作法，也的確造就了許多新藥開發的成功。

雖然「擇要使用」從字面上的意義看起來是一個「主觀」的過程，跟科學講求「客觀」似乎有所衝突，但這個「主觀」卻是個不得不然的作法。因爲在生物學研究的實務工作中，「擇要使用」中的「要」要怎麼「擇」，至少受兩方面的力量影響，一個是決定於生物學家所能掌握的研究資源（儀器、人力、經費）多寡，在此稱其爲外部因素，因爲這是比較容易外露被大家看到的因素。就像我們在期刊上的論文若看到畫出來的機制圖中箭頭密密麻麻的，那通常是比較有規模的實驗室所產出來的東西，也通常是該領域比較熱門的、能獲取的資源比較多的課題。而這些儀器、人力、經費的供給很容易受政治、經濟、社會因素的影響，所以是外部因素；也因爲此類因素容易受外部力量的影響，所以通常是將我們拉離「客觀」的主要因素。

另一個影響「擇」的因素，是研究課題本身的特質；具體來

---

76. 雖然新藥研發在進入人體試驗之前，已經在實驗動物身上進行過層層的評估測試（例如藥物動力學、疾病動物模式、毒理實驗），但畢竟人與動物在各種結構條件上還是存有巨大差異，因此還是無法遽以動物實驗的結果來預測藥物於人體的使用效果，因此在人體上測試藥物的安全性、疾病的治療效果仍是必須的步驟。而在這些人體試驗的過程中，每一期臨床試驗的測試標的必須要明確，查驗的項目也必須要明確，如此才能進行各種統計評估。

說，是「箭頭們」的權重問題，在此稱爲決定「擇」的內部因素。這是屬於科學研究的實質內容，通常由科學家依據某些共識來決定的事情，就像影響心跳速率的因子除了交感、副交感神經的基本活性外，還有多種激素、細胞代謝物，甚至是呼吸過程透過感壓反射（baroreflex），都可以直接影響心臟的跳動，每一種都可以畫出一條指向心跳速率的箭頭。所以該選擇多少箭頭進入個人所設定的流程說明中？這時候，哪些箭頭是「比較重要的」就很關鍵。例如，A → C 與 B → C 這兩個箭頭關係都存在，但如果我們只想取一個箭頭來討論，那 A、B 兩個要怎麼捨去其中一個？很直覺來想，當然是留下與 C 關係較密切的，略去關係較不密切的。所以，若我們在同樣的系統中去測試：當 A 變化時 C 的變化程度，還有當 B 變化時 C 的變化程度，結果發現 A 與 C 的變化之線性相關程度幾乎兩倍於 B 與 C 的相關程度，那麼，我們應該有理由略去 B 這個箭頭，只討論 A 這個箭頭。

當然在面對複雜的問題時，生物學家未必都只是選擇這種「減法」的方式來處理問題，也有可能以「加法」的方式來挑戰複雜的問題。例如從探討 A 與 B 之間是否有關係著手，亦即考慮增加連結 A 與 B 之間的箭頭之可能性，進而依據這兩者之間的關係與位階來權重對 C 的影響。或是試著在 C 的結構中看看能否區分出可分別對應 A、B 的分部區域 C_A、C_B，讓兩個原本匯聚的箭頭變成兩個平行投射到 C 的箭頭，然後看 A → C_A 與 B → C_B 之間有否可能生出新的箭頭以詮釋兩者之間的關聯性。這兩種都是以增加箭頭的方式，以襯托出哪個箭頭才是該被選用的箭頭。而在增加箭頭的過程中，若無法在已知的模塊中可以找到直接推演的依據，那麼該如何決定 A、B 之間因果關係的指向，甚或 A、B 之間還需要哪些額外的結構作爲橋接的中繼站，就有賴研究者發想出適當的假說作爲進階測試的目標。

但實務上在挑選箭頭時，不管是以減法或加法，我們通常不會（也無法）針對每個想得到的箭頭去做權重比較或關係連結的推演；比較可能的狀況是，我們不知道 C 到底會有多少箭頭指向它，於是就直接在我們可以動用的系統中去測試當 A 變化時 C 的變化程度，如果統計起來這兩者的相關程度很高，相關係數（correlation coefficient）[77] 到了 0.80，那麼，就可以不用管其它可能的箭頭了，可以只專注在 A → C 這條箭頭上；而那個 0.80 的相關係數與 1 的差距，就當作是第四章所提到的，「雜訊」；在這種情況下，會影響我們與「客觀」距離的，就變成我們對「雜訊」的容忍程度。但誰來決定對「雜訊」的容忍程度呢？那就像是孔恩在《科學革命的結構》一書中所提到的，已是在常態科學中進行解謎工作的科學社群成員之集體認知了[78]。若是科學社群對於雜訊的容忍程度低，覺得 0.80 還是無法彰顯其關係，那麼，我們勢必要考慮加入其它箭頭的可能，或者是，換一個箭頭看看。因此這個內部因素可以視爲把我們拉近「客觀」的力量，因爲這是依據比較不那麼主觀的方式所做的決定。

---

77. 相關係數（correlation coefficient，一般以 r 表示）可以用來當作兩個變數之間線性相關程度的度量值，其值的範圍爲 $-1 \le r \le 1$。若相關係數等於 1 或 -1，則兩個變數在 X-Y 平面上的分布皆集中在一條直線上，代表完全能夠以 A 去預測 C；若 r 值與 1 或 -1 的差距越大，則兩個變數在 X-Y 平面上的分布越分散，代表越難以 A 去預測 C。

78. 孔恩在 1962 年版的《科學革命的結構》一書的第三章，在談到「常態科學」的本質時就有提到說，牛頓絕大多數的定理，在推導時都忽略了空氣阻力的效應，所以利用這些定理雖然可以得到很好的近似值，但理論值與實際的觀察值就一定會有差異，但這些差異並不會被當作懷疑理論正確性的理由，反而是留給在這樣常態科學中的工作者更多值得研究的理論課題（程樹德等譯本，遠流出版事業股份有限公司，1989。頁 76-77）。

在這樣的彈性選取之下，我們還是可以看到生物學在許多方面的應用均可以說是達到了準確掌握的程度，也對於人類的醫療與農牧發展產生了重大影響。但如果我們深究這些「精準」的由來，會發覺這並不是基於學理推論所得到的，而是根據大量實務或臨床經驗，統計歸納所得到的顯著性之最大化應用；畢竟，還是常常看得到違反經驗的「特例」出現。而這種經由大量經驗所累積的「精準」，有其在應用上相當大的侷限性。因爲所謂的「經驗」就代表不是經由嚴格的施行條件控制下所得到的操作結果，所以大量沒有嚴格控制的施行條件，就變成在推論時，有大量不可知的干擾會出現；但雖然不嚴格，不過畢竟還是在某個大框架之內累積經驗，所以儘管干擾的「量」多，「質」還不至於差異太大；但若是應用的課題偏離「經驗」的大框架太多，那麼不可知的干擾就會從量變進入質變，而讓經驗法則失效。

如第四章中所提到的，箭頭所代表的目標是「因」與「果」的關係確認，對生物學家來說，越多的箭頭擠在同一頁，不一定代表越清楚的全貌，而常常是更麻煩的問題出現；所以將最需要關注的「因」與「果」之間所有的箭頭全都融合爲一，亦即把箭頭當作是個可大可小的黑盒子，然後以文字式、非量化的模糊敘述來表述機制，這不只是實際應用層面的需求，認眞說來，其實也還是研究方法上的考量。因爲現實是：現有的研究工具、技術與方法都無法取得生命運作的眞實全貌，也因此，如何在目前已知的有限事實中取得最大的應用價值？那麼，彈性的選取需要放在流程中的實體，盡量略去那些無法掌握的東西，這樣的做法，算是當代生物學予人雖不滿意，但還能接受的展現方式。

後記

會寫這本書，主要源於 2020 年九月在成功大學舉辦的「科學的實作與歷程工作坊」研討會，我投了篇論文《以箭頭代表機制－流程化思考的生物學》，那是我人生第一場在哲學的研討會中報告自己對於生物學的科哲觀點。會後隔天，我寫了封信給與會的朋友談談自己對於會議中一些討論的感想，同一天就收到中正大學哲學系陳瑞麟教授的回信；在信中，瑞麟兄建議我將自己的想法整理成一本書，「沒有比科學家自己來投入科學哲學更具說服力」，瑞麟兄在信末這樣子寫。因著這樣的建議，我在 2020 年底提了個科技部人文司的學術專書寫作計畫，後來通過了（計畫編號：MOST 110-2410-H-197-005 -），多了個催促自己的動力，於是從 2021 年的八月開始，一直到 2022 年的 12 月完成了初稿。

雖然實際寫作歷時約一年半，但書裡面所寫的省思，其實可以溯源到更早。在 1991 年底我碩士班二年級上學期即將結束之前，我讀了《科學革命的結構》這本書的中譯本，在閱讀此書的時候，某種程度可以感受到孔恩那種從研究工作的苦惱中頓悟後的豁然開朗之心情；而當年那個初次閱讀到這本書的碩二學生的我，也一直記得讀到「常態科學就是解謎」的那個章節時，那種被別人從漩渦中撈救起來的感覺。當時的我像發現了一個嶄新的世界，每個生物學的事件都換上一種新的面貌，利用孔恩所描述的典範輪廓，可以理解爲何生物學在有這麼多缺憾的情形下，大家還是可以很樂觀的去研究它，而無視於這些異常現象的存在。

從那時開始，我算是對生物學有了些新想法，後來我將那幾年的讀書及實驗工作感想寫成「生物學的難題」一文。這篇文章從 1992 年動筆，期間修修改改，至 1994 年底才算定稿投到《科學月刊》；1999 年初於陸軍服役期間接著完成「實驗生物學的難題」，算是對「生物學的難題」一文部分內容的補註，也在《科學月刊》發表了。這兩篇文章中所寫下的想法，算是我理解生物學的基調，持續到現在。

然而讓我對生物學的內容有更多的深入思考，則是來自於我在宜蘭大學的教學經驗。由於授課對象最多的是生物機電工程學系的準工程師們，如何讓許多生物學現象的解釋，都能用基本的物理或化學原理來說明，是我一直想達到的目標。在這樣的目標追求之下，於年復一年重複同樣科目的教學中，漸漸就發現教科書中原本看起來理所當然的敘述，不一定都那麼理所當然，在論述上常常發現有許多失落的環節並沒有被記載在教科書上；即便努力搜尋原始文獻，也未必能得到將所有故事完整串接起來的資料。從這個層面來看，這本書也可以說是我教學心得的整理，書中的許多想法，常常是在看著學生迷惘的眼神時所悟出來的道理；就為了解釋教科書何以只能簡略的帶過，也沒有更多的原始文獻可以參考的困窘。

在 2020 年的那個研討會中，「科學哲學對科學家來說，有什麼用？」是個許多人都提到的問題。寫了這本書之後，我心中有了更明確的答案：或許科學哲學無法完全「實質指導」科學家的研究實務，但至少可以影響一個科學家的「心理武裝」——那些關於身為一個科學家該有的視野、該持的態度，與該保有的信念；那些在科學研究工作現場需要的，但執行研究的人未必會有的自覺。

從事科學研究的工作者必須要有自己的信念，而我很幸運的，有了個哲學的信念。這本書，寫的就是我對生物學的信念。整個過程，借用 Keynes 在《就業、利息與貨幣的一般理論（The General Theory of Employment, Interest, and Money）》書中序言裡的一段作爲總結：

> 「本書的創作對作者來說是一個長期的掙扎，掙扎著擺脱傳統的思想模式與表達模式。如果作者在這方面的努力是成功的，那麼大部分讀者在閱讀此書時一定感到了這一點。雖然許多思想在這裡被如此複雜的表述，但其實他們是十分簡單而清楚的。我們大多數人都是在舊的學院中薰陶出來的，舊學院已深入我們的心靈，所以困難不在新學院本身，而在於擺脱舊學院。」

本書的完成需要感謝的人太多，最後請容我引用陳之藩《謝天》中的這句話表達我衷心的謝意：

> 「因爲需要感謝的人太多了，就感謝天罷。」

國家圖書館出版品預行編目資料

生物學研究 ： 研究什麼?如何研究?理解了什麼?/蔡孟利著. -- 初版. -- 臺北市 ： 五南圖書出版股份有限公司, 2023.09
面 ； 公分
ISBN 978-626-366-563-7(平裝)
1.CST: 生命科學
360 112014571

5P17

生物學研究：研究什麼？如何研究？理解了什麼？

作　者— 蔡孟利（375.3）
發 行 人— 楊榮川
總 經 理— 楊士清
總 編 輯— 楊秀麗
副總編輯— 王正華
責任編輯— 金明芬
封面設計— 陳亭瑋
出 版 者— 五南圖書出版股份有限公司
地　址：106臺北市大安區和平東路二段339號4樓
電　話：(02)2705-5066　傳　真：(02)2706-6100
網　址：https://www.wunan.com.tw
電子郵件：wunan@wunan.com.tw
劃撥帳號：01068953
戶　名：五南圖書出版股份有限公司
法律顧問　林勝安律師
出版日期　2023年 9 月初版一刷
定　價　新臺幣250元